张海君◎编

如何帮孩子找到归属感

黑龙江美术出版社

图书在版编目（CIP）数据

如何帮孩子找到归属感 / 张海君编著 . -- 哈尔滨：
黑龙江美术出版社 , 2024. 10. -- ISBN 978-7-5755
-0726-4

Ⅰ . B844.1-49
中国国家版本馆 CIP 数据核字第 20247ZC420 号

书　　　名：如何帮孩子找到归属感
RUHE BANG HAIZI ZHAODAO GUISHUGAN

出 版 人：乔　靓
编　　著：张海君
责任编辑：李　旭
装帧设计：黄　辉
出版发行：黑龙江美术出版社
地　　址：哈尔滨市道里区安定街 225 号
邮政编码：150016
发行电话：（0451）84270514
经　　销：全国新华书店
制　　版：姚天麒
印　　刷：三河市兴博印务有限公司
开　　本：710mm×1000mm　1/16
印　　张：8
字　　数：124 千字
版　　次：2024 年 12 月第 1 版
印　　次：2024 年 12 月第 1 次印刷
书　　号：ISBN 978-7-5755-0726-4
定　　价：59.00

注：如有印、装质量问题，请与出版社联系。

前　言

　　归属感是所有人的基本需求，处在成长阶段的孩子尤其需要在家庭、学校、社会中找到自己的位置，建立稳定的人际关系。本书就是探讨如何帮助孩子找到归属感。

　　首先，我们需要明确什么是归属感。归属感是个人在特定的社会群体中，对于自身在群体中的位置及与群体关系的总体感知和评价。在这个基础上，我们可以发现，帮助孩子建立归属感的关键在于帮助他们在社会群体中找到属于自己的位置。

　　第一，家庭是孩子最初的社会群体。父母的爱与支持，是建立归属感的根基。父母需要接纳孩子，并确认他们在家庭中的位置。所以，父母应该经常与孩子进行开心的交流，倾听他们的声音，赞扬他们的长处，帮助他们改掉缺点。

　　第二，学校是孩子接触社会的第一环节。在学校，孩子可以通过同学和老师，学习活动等来确定自己的位置。老师的支持和认可，同学的友谊，有趣且富有挑战性的课程可以帮助孩子建立自信，从而建立归属感。

　　第三，社会是孩子归属感的扩大空间。社会团体，如社区和社交活动，都可以帮助孩子找到自我，建立归属感。通过参与社区的各类活动，人们在人际交往中收获积极的情感体验，社区归属感也会随之提升。因此，鼓励孩子参与社区活动，利用他们的兴趣和才华，可使他们在社会中找到自己的位置。

　　让我们帮助每一个孩子在其成长的道路上感受到温暖的归属感，用心陪伴他们成长。

目　录

第一章　培养归属感，拥抱持久的幸福

01　开启你的归属感寻找之旅！ …………………… 2

02　家庭环境对孩子归属感的影响 ………………… 6

03　学校如何给孩子营造归属感? ………………… 9

04　没有归属感的心理是不完整的 ……………… 12

05　如何才能培养归属感? ……………………… 15

第二章　让爱成为太阳，时刻为情绪充电

01　在外面受了委屈，回家后卸下包袱 ………… 20

02　同学说不喜欢我，我应该在意吗? …………… 23

03　被嘲笑后，我开始怀疑自己 ………………… 28

04　做错事了，大胆与爸爸妈妈分享 …………… 32

05　我会向爸爸妈妈诉说我的小秘密 …………… 37

第三章　接受压力，化解焦虑与不安

01　面对学习压力，如何调整心态? …………… 42

02　应对挫折，提升心理弹性 …………………… 47

03　倾听内心的声音，认识并接纳自己的情绪 ………… 51

04　寻求帮助，与他人共同面对困难……………………　55

05　我相信自己有解决问题的能力，不怕失败…………　59

第四章　认清自我，拥抱真实的自己

01　积极参加集体活动，培养集体荣誉感……………　64

02　散发自信，敢于展示自我…………………………　68

03　积极贡献，成为超棒的任务小达人………………　72

04　做错事，我会主动站出来承担责任………………　75

05　不和他人作比较，珍惜自己的独特之处…………　79

第五章　破解和朋友相处的归属感密码

01　大胆地说出自己内心的想法………………………　84

02　允许不同，尊重朋友的独特之处…………………　88

03　主动结交朋友，拓展社交圈子……………………　92

04　融入群体，学会合作与分享　……………………　95

05　信守承诺，是维护友谊的基石……………………　99

第六章　我拥有爱的超能力

01　爱人的能力，源自深刻的自爱……………………　104

02　主动关心身边人，我是爱的传播使者……………　108

03　我和爸爸妈妈一起参加公益活动…………………　112

04　爱护小动物，小生命也值得被关心………………　116

05　学会感恩，珍惜他人的付出与帮助………………　120

第一章

培养归属感，拥抱持久的幸福

　　归属感是人类的基本需求之一，缺乏归属感可能会导致孤独、焦虑和自卑。一个完整的心理状态需要归属感的滋养。通过积极参与、真诚沟通和建立稳定的关系，你可以逐渐增强自己的归属感。

01 开启你的归属感寻找之旅！

来自小朋友的信：

亲爱的心灵电台，我最近遇到了一些困惑。我和乐乐从小就是无话不谈的好朋友，我们每天一起上学、放学，课间休息的时候也是一起玩闹。无论遇到什么困难或快乐，我们都会彼此分享。

我感觉自己在这个小集体里有很强的归属感，因为乐乐就像我心种的小太阳，给我了带来温暖和安全感。

乐乐，你最近怎么很少和我一起回家了？

对不起，我最近比较忙，但你永远都是我最好的朋友。

可是最近，我发现有些不一样了。乐乐开始和其他同学走得特别近，他们常常凑在一起聊天、玩耍。每次我想找乐乐一起做点什么，他总是说自己忙，或者已经和别人约好了。刚开始的时候，我还没太当回事儿，但是这样的情况持续了一段时间后，我心里就有一种空落落的感觉，那种原本的归属感好像也在慢慢消失。

我开始怀疑，是不是我哪里做得不好让他对我产生了疏远感？还是他已经找到了新的朋友，不再需要我了？我真的很珍惜和乐乐的友谊，不想就这样失去它。你能给我一些建议吗？

心灵电台的回复：

小朋友，其实你的烦恼，也正是许多人在成长过程中都会遇到的问题，这种变化是很正常的，你可不要太担心或者责怪自己哦，因为每个人都在按照自己的方式成长，社交圈子也会发生变化。

首先呀，你要勇敢地主动和乐乐去交流沟通，把你的想法和感受告诉他，也听听他的想法。这样做可以把可能存在的误会消除掉，还能让你们的感情变得更好。

然后呢，多去参加各种各样的社交活动和团体活动吧。在这些活动里，你会认识好多新朋友呢。当你在一个团队里的时候，就像找到了自己的小天地，你能发挥自己的本事，这样你就会清楚地感觉到自己是这个团队的一员，归属感也就油然而生啦。

最后，要多关注自己内心真正想要的东西，去培养自己的兴趣爱好。当你沉浸在自己喜欢的事情里的时候，你会从心底里感到满足，这也是一种归属感哦。这种归属感是你对自己的认可和热爱带来的。你看，归属感不是只靠别人或者某一段关系才能有的。我们可以通过很多办法去建立和增强它。

> 欢迎你加入我们，以后咱们就是朋友啦。

> 好呀，谢谢你，感觉在这里好温暖。

最重要的是，我们要相信，真正的友谊不会因为时间和距离而改变。即使我们不能像小时候那样天天黏在一起，但只要我们彼此珍惜，真诚相待，这份友谊就会像一颗闪亮的星星，永远照耀着我们的人生旅程。

互动小游戏：我真正喜欢的是什么？

你可以在"是否喜欢"一栏中，用"√"标记你真正喜欢的活动。例如，如果你喜欢摄影，你可以在相应的行中打"√"，再写出喜欢的原因。这样，你就可以清晰地了解到自己真正的喜好了。

活动	是否喜欢	喜欢的原因
摄影	√	可以抓住生活中的美好瞬间
阅读		
旅行		
烹饪		
音乐		
天文		
写作		
画画		
健身		

我们每个人都是独一无二的，有着属于自己的喜好、热情和舒适圈。花些时间自我反思，弄清楚你真正喜欢的是什么？对哪些活动或事物最热情？在什么样的环境和氛围中，你与小伙伴们相处得最融洽？通过深入了解自己，我们才能够更清晰地认识到自己的需求和期望，帮我们找到属于自己的归属感。

当我们越来越了解自己，与朋友的关系会越来越好，这时候我们就会找到让我们内心感到舒适和快乐的地方，这就是归属感。在这里，我们可以真实地做自己，并与兴趣相投的小伙伴们共同追逐梦想。这是一次自我发现和成长的旅程，让我们一起踏上这段寻找归属感的奇妙旅程吧！

心灵电台的小锦囊

增进友情的小 Tips：

1. 定期聚会：与朋友定期聚会，分享彼此的生活和心情。可以选择在周末或节假日安排聚会，或者定期组织聚餐、看电影等活动。

你近期打算什么时候和朋友聚会？

2. 互相支持：可以在朋友需要帮助时主动提供帮助，同时也在他们取得成就时与他们分享喜悦。

3. 共同兴趣：找到与朋友共同的兴趣爱好，如一起参加兴趣课、一起看电影、一起运动等。这些活动能增进你们之间的默契和友谊。

你和朋友有哪些共同的兴趣爱好？

4. 诚实和坦率：在与朋友交往的过程中保持诚实和坦率。如果你有任何问题或不满，及时与朋友沟通解决。这样可以避免误解和冲突，维护你们之间的友谊。

5. 尊重和包容：即使你有不同的看法，也应尊重朋友的观点和决定，。这种尊重可以让你们之间的友谊更加稳固。

你如何处理与朋友之间的矛盾？

6. 保持联系：即使你们身处不同的地方或忙碌的生活中，也要努力保持联系，分享彼此的近况和生活点滴。

02 家庭环境对孩子归属感的影响

来自小朋友的信：

亲爱的心灵电台，我最近在家里老是觉得特别孤单，没有归属感。每天放学回家，我总期待着能与爸爸妈妈分享学校的点点滴滴，爸爸妈妈总是在忙自己的事情，很少有时间陪我聊天或者一起做点什么。有时候，我好不容易鼓起勇气想与他们分享我在学校的经历，他们却常常一边处理手头的工作，一边心不在焉地听我说话。

我理解爸爸妈妈的工作压力很大，他们每天都在为了家庭而努力，为了给我提供更好的生活条件而奋斗。我知道赚钱养家不容易，我也非常感激他们所做的一切。但是，每当我看到别的同学和家人在一起有说有笑、其乐融融的画面，我就特别羡慕，同时也会很落寞，觉得自己就像一只找不到家的小鸟。

我真的好希望，爸爸妈妈能在百忙之中抽出一点时间，真正地听听我的心里话，陪陪我度过这些成长的时光。哪怕只是短短的几分钟，我也会觉得非常温暖和满足。希望你能告诉我，我要怎么做才能让自己在这个家里更有归属感，和爸爸妈妈的关系变得更亲近呢？

心灵电台的回复：

小朋友，我明白你的困扰。家庭应该是我们最温暖的港湾，是我们获得归属感的重要来源。然而，在现实生活中，很多家庭都面临着各种挑战，导致亲子之间的交流和陪伴变得非常有限。

你提到的爸爸妈妈工作忙碌，这确实是现代社会很多家庭面临的现实问题。他们可能承受着巨大的工作压力，导致无法给予你足够的关注和陪伴。但这并不意味着他们不爱你或者不关心你。

为了改善这种情况，你可以试着主动与爸爸妈妈沟通，表达你的感受和需求。告诉他们你希望他们能多陪陪你，一起做些有意义的事情。同时，也要理解他们的辛苦和付出，给予他们理解和支持。

另外，你也可以尝试在家庭中制造一些共同的回忆和经历。家庭归属感是需要每个家庭成员共同努力去营造的，通过积极的沟通和相互理解，相信你们一定能够建立起一个更加温暖和谐的家庭氛围，让你在家里也能找到那份宝贵的归属感。

我们以后一定会抽出时间陪你。你有什么想做的，就告诉我们。

爸爸妈妈，我最近感觉有些孤单，我希望你们能多陪陪我。

孩子，对不起，我们最近确实太忙了，忽略了你的感受。

互动小游戏：亲子互动"大检阅"

这个游戏很简单，比如爸爸妈妈有没有关心你在学校的新发现，或者你有没有告诉爸爸妈妈你的梦想和烦恼，从而得到他们的鼓励和支持。通

过这样的"检阅",我们可以让家里的爱和理解始终保持新鲜且充满活力。

互动类型	互动内容	是否完成（是/否）
家庭沟通	父母是否主动询问过我在学校的经历和感受？	
共同活动	父母是否和我一起参加过户外活动，如郊游或野餐？	
情感交流	我是否向父母表达过我的情感和想法，并得到了他们的理解和支持？	
家庭娱乐	父母是否和我一起观看过电影或进行了其他家庭娱乐活动？	

为了帮助孩子建立起强烈的归属感，家庭成员之间需要更加积极地沟通和交流。爸爸妈妈要尽量抽出时间陪伴孩子，了解他们的想法和需求。同时，也可以鼓励孩子主动表达自己的情感，让他们知道，家庭是他们永远的避风港。

心灵电台的小锦囊

增进亲情的小 Tips：

1.设定固定的家庭活动时间：安排固定的家庭活动时间，如每周一次的家庭电影之夜、月度户外野餐或年度家庭旅行等。

我们家庭选择的固定活动时间是每周的_____（如：周六晚上），活动内容是_____（如：一起看电影或进行户外徒步）。

2.一起参与家务劳动：让每个家庭成员都参与家务劳动，如一起做饭、打扫卫生等。这样不仅能分担家务还能增进家庭成员之间的合作与沟通。

在我们家，我通常会和_____（如：爸妈/兄妹）一起完成_____（如：做饭或打扫卫生）这项家务。

03 学校如何给孩子营造归属感?

来自小朋友的信:

亲爱的心灵电台，最近我很不开心，看到同学们都能轻松融入小团体，一起开心地聊天、玩耍，我好羡慕。但每次我想加入，都觉得自己好像不适合。

有一次，在学校的操场上，我看到一群同学在踢足球。他们奔跑着，欢笑着，看起来好开心。我站在一旁，心里其实非常想加入他们，但我又担心自己的球技不好，会成为他们的负担。我犹豫了好久，最终还是选择了离开。

心灵电台，我真的好想摆脱这种孤独，在学校里找到归属感。我渴望能够与同学们一起开心地笑、一起分享生活的点滴。但我不知道该如何迈出第一步，你能告诉我，我应该怎么做才能摆脱这种孤独感，融入大家吗?

他们看起来好开心，我也好想加入……

心灵电台的回复:

首先，你可以尝试主动参与集体活动。例如，学校举办的运动会、文艺演出或志愿者服务活动都是很好的机会。通过报名参与，你不仅能贡献自己的力量，还能与大家共同为目标奋斗，这样会让你觉得自

己是集体中不可或缺的一员。

另外，你还可以利用课间休息或者午餐时间，主动和同学们聊天，分享彼此的生活和兴趣。

最后，不要忘了多与老师沟通。他们不仅能在学习上为你提供帮助，还能在你遇到困惑时给予指导和支持。通过与老师的交流，你会感受到更多的关注和重视，从而增强你在学校的归属感。

哇，你也喜欢那部动画片啊！

是啊，我觉得这部动画片的剧情超级棒。

互动小游戏：校园大探秘

作为校园的一分子，对学校各个角落的熟悉不仅能帮助你更快地找到需要去的地方，还能让你更深入地感受到学校的文化氛围。现在，测试一下你对学校的了解程度吧！

地点	所在地点	所在楼层
图书馆		
体育馆		
音乐室		
计算机室		

我们可以把学校比作五颜六色的森林，大树就像我们的老师，它们用茂密的"叶子"保护我们，还教会我们很多本领。而可爱的同学们，则如同森林中盛开的花朵，每一朵都独具特色，共同构成了一个绚丽多彩的花海。

在这片欢乐的森林里，我们可以尽情展现自己的才华。有时，我们会通过唱歌、跳舞来抒发内心的喜悦，向大家展示自己的艺术天赋。

心灵电台的小锦囊

增进社交的小 Tips：

1. 参加课外活动：加入学校的社团或参与课外活动，如学生会、戏剧社、运动队等。这些活动不仅能让你发展兴趣爱好，还能结识志同道合的同学。

我计划加入的社团或参与的课外活动是：

2. 学习小组：与同学组成学习小组，共同讨论学习问题，互相帮助。这不仅能提高学习效率，还能增强同学间的友谊。

我计划邀请以下同学加入我的学习小组：

3. 主动与同学交流：利用课间休息或午餐时间，主动与同学聊天，分享自己的见闻和经历。这样不仅能拓宽你的社交圈，还能让你更好地了解同学们的想法和感受。

我计划主动和以下同学进行交流：

04 没有归属感的心理是不完整的

来自小朋友的信：

我最近心里总是充满了恐惧，觉得整个世界都充满了危险。在学校里，每当我走过走廊，总能听到同学们在窃窃私语，我总觉得他们是在议论我，嘲笑我。每当这时，我就感觉自己像是一个外人，完全没有归属感。

你怎么又不收拾房间？

是啊，你总是让我们操心。

昨天课间，我无意间听到几个同学在小声说话，我好奇地走上前去，但他们立刻就不说了。那一刹那，我真的好想问他们："是不是你们在说我什么？"但我终究没有勇气，这种感觉真的很难受。

在家里，我也没有安全感。每当爸爸妈妈批评我，我就会想："他们是不是不喜欢我？"这种念头让我觉得自己在家里也没有归属感，好像我只是一个过客。心灵电台，我真的好害怕，是不是我哪里做错了？

心灵电台的回复：

亲爱的小朋友，每个人都有过被人议论的时候，但这并不代表他们真的在说你坏话。也许他们只是在讨论一些与你无关的话题，而你的走近让他们选择了沉默。不要过于敏感，也不要因此否定自己。

为了增强你的归属感，你可以试着主动与同学们交流，分享你的想法和感受。加入一些学校的社团或兴趣小组也是一个不错的选择，这样你可以找到与你志同道合的朋友，共同的兴趣爱好会让你们更加亲近。

父母的批评可能会让你感到沮丧。但请记住，父母的批评往往是出于对你的关心和期望。他们希望你能够变得更好，这并不意味着他们不喜欢你。你可以选择一个适当的时机，与他们坦诚地分享你的感受，我相信他们会理解并给予你更多的支持。

最后，我想告诉你，每个人都值得被爱和被接纳。不要过于在意他人的议论和评价，重要的是你如何看待自己。相信自己，勇敢地面对困难，你会发现自己其实拥有很多优点和长处。记住，你不是一个人，周围有很多人愿意帮助你、支持你。相信自己，你会找到属于自己的安全感和归属感。

> 我知道我是谁，我会变得更好。

互动小游戏：解锁你内心的小秘密

这个小游戏就像是一把神奇的钥匙，能帮我们打开心灵的大门，让我们更加了解自己哦！你可以将自己内心的想法写下来，比如，"搬家到新的城市""最近总是感冒"等，这些事情其实都是帮助我们寻找内心小秘密的线索。

缺乏归属感的事	缺乏归属感的原因

他人对我们的接纳、认可和支持，会让我们产生强烈的归属感。想象我们的心灵就像一棵小树苗，需要阳光和水分才能茁壮成长。在这个大大的世界里面，如果小树苗找不到一个温暖和安全的环境，它就会长得歪歪扭扭，感觉不完整。而这个温暖和安全的地方，就是我们所说的"归属感"。

心灵电台的小锦囊

找到归属感的小 Tips：

1. 深入了解自己的兴趣、价值观和目标。

我的兴趣是＿＿＿＿＿＿，我的价值观是＿＿＿＿＿＿。

2. 接纳自己的优点和缺点，建立积极的自我形象。

我的三个优点分别是＿＿＿＿＿＿，我的一个需要改进的缺点是＿＿＿＿＿＿。

3. 积极参加各类社交活动，通过社交活动结识新朋友，扩大社交圈子。

在社交活动中，我希望能够结识＿＿＿＿＿＿类型的朋友。

05 如何才能培养归属感?

来自小朋友的信：

你好！最近，我遇到了一些小困惑，想和你聊聊。我经常听到大家谈论"归属感"这个词，说它对我们很重要。但我不是很明白，归属感究竟是什么呢？

归属感是不是就是找到一群和自己兴趣相投、能够互相理解的朋友呢？还是说有更深层的含义？我有时候会担心，如果我一直找不到属于自己的归属感，会不会变成一个孤独的人呢？

我真的好希望有一天，我也能找到那个让我心生向往、愿意投入其中，并能从中得到快乐和满足感的地方或团体。你能告诉我，我该怎么做才能找到属于我自己的归属感吗？

> 归属感到底是什么呢？

心灵电台的回复：

有些人可能觉得，归属感就是找到一个团体，然后融入进去，成为其中的一员。但其实，真正的归属感，更多的是来源于我们对自己的了解和认同。就像是在心里画一张自画像，把自己的特点、优点、缺点都画出来。这样，我们才能清楚地认识自己，知道自己想要的是什么。

比如，你发现自己特别喜欢画画，每当你拿起画笔，就能沉浸在

自己的世界里，忘记一切烦恼。那么，画画这个领域就是你能找到归属感的地方。或者，你在数学方面有着过人的天赋，每当解决一个复杂的数学问题，你都会有一种成就感。那么，数学领域就是你能找到归属感的地方。

所以，小朋友，想要找到归属感，首先要深入了解自己，找到自己的兴趣和特长。然后，努力在这些领域里发光发热，你就会自然而然地找到那个让你觉得心安和踏实的地方。

> 我找到了！这就是我的归属感！

🧚 互动小游戏："成就小账本"

每个人都有一本属于自己的"成就小账本"，记录着那些我们通过兴趣和特长所取得的点滴成果。比如健身，每一次挥洒汗水，都是对身体极限的挑战。再比如，翻开一本厚厚的经典名著，随着故事的深入，我们仿佛走进了另一个世界，当书本合上时，我们不仅拓宽了视野，更在无形中收获了知识和智慧的滋养。所以，不妨拿起笔，记录下你的兴趣和特长所带来的每一次成就，让它们成为你内心最坚实的归属感的来源吧！

我个人的兴趣/特长	感受与成果
健身	通过持续地锻炼，身体变得更加健康，达到了自己的健身目标，让我感到非常有成就感。
阅读	读完了一本经典名著，拓宽了视野，丰富了内心世界，获得了知识和智慧的滋养。

我个人的兴趣 / 特长	感受与成果

　　培养归属感可以让我们变得更加独立和自主，不再那么依赖别人的评价或者认可。因为我们已经知道，自己的价值并不是由别人来定义的，而是由我们自己的努力和付出来决定的。

　　此外，培养归属感还能让我们变得更加坚强和勇敢。因为我们知道，无论遇到什么困难和挑战，只要我们坚持自己的方向和目标，就一定能找到那个属于自己的归属感。

　　再进一步说，这种寻找和创造归属感的过程，其实也是一种自我成长和提升的过程。当我们努力去追寻自己的梦想和目标时，我们会不断地学习新知识，掌握新技能，这些都会让我们变得更加优秀和强大。

　　所以，培养归属感的过程，其实就是一个全面发展的过程。它不仅能让我们找到那个让自己觉得安心和踏实的地方，还能让我们在追寻梦想的过程中，不断地成长和提升自己。

心灵电台的小锦囊

　　提升归属感的小 Tips：

　　1. 主动与他人交流，分享自己的想法和经历，也倾听他人的故事。

我最近与人分享的一次有趣经历是：

2. 在社交环境中，积极参与活动，甚至可以主动承担一些责任或角色。

在社交环境中，我愿意承担的责任是：

3. 通过贡献自己的力量，你会更容易获得他人的认可和尊重，从而增强归属感。

我曾经为团队作出的一个贡献是：

4. 当你在某个领域表现出色时，自然会吸引志同道合的人，从而形成强烈的归属感。

我在_____领域表现较为出色，因此找到了一群志同道合的朋友。

记住，培养归属感是一个循序渐进的过程，需要时间和耐心。通过持续的自我认知和社交互动，你会逐渐找到那个让你感到舒适和认同的"家"。

第二章

让爱成为太阳，时刻为情绪充电

　　每个人的身体和外貌都是不一样的，是我们与众不同的标志。不应该因为他人的嘲笑而怀疑自己，要自信和自豪地做自己。要相信自己足够好，不用努力变成别人期望的样子。

01 在外面受了委屈，回家后卸下包袱

来自小朋友的信：

亲爱的心灵电台，前几天发生了一件事情，让我对"家"有了更深的思考，想和你分享一下，也想听听你的想法。

上个周末，我们小区举办了一场儿童足球赛。我特别喜欢踢足球，所以早早地就报了名，准备大展身手。比赛那天，爸爸妈妈都来为我加油。比赛刚开始的时候，我踢得还不错，进了一个球，可是后来因为一个小失误，让对方进了一球。我一下子就慌了神，接下来的比赛，我踢得越来越差，最后我们队输了。

比赛结束后，我的心情特别低落，觉得自己很没用。但是爸爸妈妈没有责怪我，反而鼓励我，说我已经踢得很好了，下次继续努力。他们还带我去了我最喜欢的餐厅吃大餐，想要转移我的注意力。吃着美味的食物，听着爸爸妈妈的安慰，我突然觉得，家真的是我永远的依靠。心灵电台，你说，家对我们的成长到底有多重要呢？

哎呀，怎么会这样？

没关系，儿子！振作起来，比赛还没结束呢。

心灵电台的回复：

家对我们的成长至关重要。在家里，我们学会了如何面对挫折和困难，如何在失败中吸取教训，如何在亲人的关爱中不断成长。家是我们最坚实的后盾，让我们在人生的道路上变得更加勇敢和坚强。

同时，你也在家中体会到了成长的快乐和亲情的深厚。这些美好的回忆将伴随你一生，成为你前进的动力和勇气之源。所以，请珍惜与家人在一起的时光，感恩他们的付出和关爱，让这份家的温暖永远伴随着你。

> 一场比赛的输赢不代表什么，重要的是你努力了。

> 嗯，我知道了。谢谢爸爸妈妈，你们是我永远的依靠。

互动小游戏：我们的快乐时光

想想和家里人一起做过的有趣的事情。比如，是不是有一次大家一起去公园玩，或者是在家里举行了一场小型的舞会？把这些快乐的时刻写下来！

记录者	时间	描述回忆

家就像一个温馨的港湾，每当我们在外面玩累了，或者有点难过时，家就是我们随时可以躲进去的小窝。在家里，我们可以把外面的烦恼统统丢掉，好好休息一下。

不管我们在外面遇到了什么困难，家人总是我们的坚强后盾。在家里，我们可以做自己，不用假装成别人。想说什么就说什么，想做什么就做什么，因为家人会理解我们，支持我们。

心灵电台的小锦囊

家让我们感到有归属感的原因有很多，以下是一些关键点，快来看看吧！

1. 情感支持小分队：无论我们遇到什么困难，他们总会站在我们身边，给予我们无尽的安慰和鼓励。

最近一次家人给予我情感支持是在我＿＿＿＿＿＿＿＿＿＿（请填写具体事件或情境），他们陪伴我、开导我，真的让我感到非常温暖，也变得更加坚强。

2. 安全空间堡垒：我觉得家中最让我感到安全和自由的地方是＿＿＿＿＿＿＿＿＿＿＿＿＿＿（请填写家中具体的角落或房间），因为那里是我的私人空间，我可以安静地看书、听音乐或者和朋友聊天，不用担心被打扰。

3. 身心健康加油站：在家里，我可以好好休息，吃上美味的食物，并保持个人卫生。

我每天都会在家中＿＿＿＿＿＿＿＿＿＿＿＿＿＿，这让我感到非常舒适，也使我每天都充满活力。运动不仅能让我有一个好身体，还能让我释放压力，保持好的心情。

02 同学说不喜欢我，我应该在意吗？

来自小朋友的信：

亲爱的心灵电台，最近，我遇到了一件让我有些失落的事情。那天，我和几个好朋友在教室里开心地玩耍，大家都沉浸在欢乐的氛围中。然而，就在这时，一个平时和我们不太熟悉的同学突然走到我面前，严肃地对我说："我不喜欢你。"我一下子愣住了，不明白他为什么会这样说。

我忍不住问了他原因，他回答说："因为你太热情了，让我觉得有些受不了。"听到他这样说，我感到既惊讶又难过。我一直以为热情是一种美好的品质，能够拉近人与人之间的距离，没想到我的热情竟然会让他感到不适。

心灵电台，我现在真的很迷茫。我不知道自己是否应该改变这种热情的性格，去迎合他的喜好。但我觉得，性格是天生的，如果刻意去改变，那我还是真正的我吗？我到底该怎么做呢？希望你能给我一些建议。

心灵电台的回复：

首先，我要告诉你的是，热情并不是一件坏事。热情的人通常更受人欢迎，因为他们能够给人带来温暖和快乐。然而，每个人的性格和喜好都不同，有些人可能更喜欢安静、内敛的相处方式。

当然，你也可以试着与那位同学沟通，了解他为什么会对你的热情感到不适。也许他只是不习惯你的表达方式，或者你们之间的性格确实存在一些差异。通过沟通，你可以更好地理解他的感受，并尝试找到一种更舒适的相处方式。

同时，要明白，你不需要为了迎合别人而改变自己。你的性格是独特的，也是宝贵的。在保持个性的同时，学会倾听和理解他人，这样你就能既保持自我，又能与他人建立良好的关系。不要因为别人的一句话就轻易改变自己的性格。相信自己，坚持自己的原则和价值观，你会吸引到真正欣赏你的人。

我就是我，热情、自信、善良。

坚持做自己，你会吸引到真正欣赏你的人。

互动小游戏：独一无二的我

嗨，小朋友们！你们可以根据下面的表格，勾选一下你们曾经遇到过的事情，它可以帮助你们更了解自己，也能让你们明白，每个人都是独特的！

情况描述	是（√）	否（×）
在和同学们一起参加活动时，你有没有为了迎合大家的意见而放弃自己的建议？		
有没有因为想和朋友们一样，而尝试做某些事情？		
你有没有因为某个同学或朋友不喜欢你的某个爱好，而不再做那个事情？		
有没有为了坚持自己的想法，和别人争论过？		
你有没有曾经为了和同学们有共同的话题，而尝试去看一部你原本不感兴趣的动画片或电影？		

有时候，我们可能会听到一些声音，比如"你应该这样做"或者"你应该像某某某一样"。但记住哦，我们每个人都是独特的，不需要变成别人期望的样子。我们有自己的爱好、梦想和个性，这些都是我们最宝贵的财富。

要相信，自己就是最好的！这个"好"，不是因为我们完美无缺，而是因为我们每个人都是独特的。我们的每一个经历、每一个特点，都构成了独特的自己。

不用努力变成别人期望的样子，因为那样的人生并不真实，也不快乐。我们应该活出自己的样子，追求自己的梦想，做自己喜欢的事情。只有这样，我们才能真正感受到生活的乐趣，才能实现自己的价值。

心灵电台的小锦囊

当你听到有人说不喜欢自己，是不是心里有点难过呢？

别担心，教你几个小妙招，帮你轻松应对！

1.定定神：

如果有人对你说了些不好听的话，先别急，找个安静的角落，深呼吸几下，让心情平复下来。

我的冷静小方法是：

（比如：去花园走一圈，听听鸟叫。）

2.自我肯定：

试着每天写下自己的三个优点，晚上躺在床上时，再回想一下，心里是不是美滋滋的？

我的闪光点有：

（比如：画画好看、跑步快。）

3.说说心里话：

心情不好时，可以找好朋友一起出去玩，把心里的烦恼都说出来。

我的好友团有：

4.想想哪里可以更好：

如果好几个人都给你提了同样的建议，那就想想，是不是自己哪里可以做得更好呢？但别忘了，做自己最重要！

我要加油的地方是：

我的进步计划是：

5. 做自己最酷：

不管别人怎么说，都要坚持自己的原则和喜好。这样，你才能找到真正懂你、欣赏你的朋友。

我不会因为别人而改变的是：

（比如：我喜欢的颜色和爱好。）

记住，我们值得被爱和尊重。相信自己足够好，勇敢地面对生活中的挑战！

03 被嘲笑后，我开始怀疑自己

来自小朋友的信：

亲爱的心灵电台，我最近遇到了一个让我很困扰的问题。因为我个子矮，皮肤也比较黑，所以在学校里有时候会被一些同学嘲笑。

在体育课上，我热爱篮球，可每当我拿到篮球，准备投篮时，总会有同学指着我笑着说："你这么矮，怎么投得进篮筐啊？"我尽力去投，但结果往往不尽如人意，这让我更加沮丧。而在夏令营的时候，

你这么矮，怎么投得进篮筐啊？别白费力气了！

阳光明媚，大家都玩得很开心，可当我走进时，有个同学却大声嘲笑说："你怎么晒得这么黑，简直像块炭！"那一刻，我真想找个地缝钻进去。

这些嘲笑让我开始怀疑自己，是不是我真的很差劲？是不是我必须变得像其他同学那样高大、白皙，才能得到他们的喜欢和尊重呢？我感到非常迷茫和无助。

心灵电台的回复：

我深深理解你此刻的心情，被嘲笑和质疑确实会让人感到痛苦和困惑。但请相信，每个人的身体和外貌都是不一样的，它们是我们特

征的一部分，也是我们与众不同的标志。

那些嘲笑你的同学，可能只是因为他们自己缺乏足够的理解和包容。他们并没有意识到，真正的力量和价值并不取决于外表，而是源于我们内心的坚韧、才华和善良。

你也许听过梅西的故事，一个足球界的传奇人物。梅西的身高并不出众，甚至在足球运动员中算是偏矮的。但是，他并没有被身高限制，反而用他卓越的足球技艺和无人能敌的速度征服了全世界。他的故事告诉我们，身高或肤色并不能决定一个人的成就和价值。同样，你也不应该让这些因素定义你。

互动小游戏：闪闪优点寻宝记

仔细想一想你的朋友身上有哪些优点是让你超级羡慕的？是他画画特别厉害？还是唱歌跳舞超棒？或者是他总是乐于帮助别人？把你发现的优点记录下来，要写清楚你欣赏这个优点的理由哦！这样，我们不仅能更加了解我们的朋友，还能学会欣赏和尊重他人的优点。

姓名	他的优点	欣赏的理由

姓名	他的优点	欣赏的理由

　　身高和肤色是我们独特的一部分，它们不能定义我们的全部，也不能决定我们的价值。我们的价值来自我们的内心，我们的善良、智慧、勇敢、创造力……这些才是真正重要的。

　　面对嘲笑时，我们应该试着以善意和宽容的心态去回应。那些说出伤人的话的人，往往是因为他们自己的狭隘和无知。当你向他们展示你的善良和大度时，他们或许会开始反思自己的行为。

　　同时，不要因为他人的嘲笑而怀疑自己，相信自己的独特之处和价值所在。每个人都有自己的闪光点和特长，无论是艺术、科学，还是其他方面。探索自己的兴趣和激情，努力培养自己的才能，让这些成为你自信的源泉。

　　记住，真正的朋友和懂得欣赏你的人，会看到你的内在美和独特之处。他们不会仅仅因为你的外表而评判你。而那些以外表为标准来评价他人的人，往往缺乏深度和真正的理解力。

心灵电台的小锦囊

　　心灵电台为你们准备了一些超酷的魔法锦囊，这些锦囊可以帮助大家更好地应对生活中的各种挑战和情境，从而变得更加勇敢、自信和快乐，快来看看吧！

1. 自信魔法锦囊：当你觉得自己不够酷或者被人取笑时，快打开这个魔法锦囊！在里面写下对自己的一句鼓励的话：我是超级独特的，我的酷不只是因为外表哦！我要相信自己，大胆地做自己！

哇哦，今天我为自己而骄傲，因为我完成了_____（写下你今天做得很棒的一件事）！

2. 微笑魔法锦囊：面对嘲笑时，不仅可以用善意和幽默回应，还可以在锦囊里记录下你当时的回应和对方的反应。

今天，有人嘲笑我_____，我用善意和幽默的方式回应说："哈哈，你说得对，我确实比较特别。每个人都有自己独特的魅力，不是吗？"对方听了后，_____（填写对方的反应或你的感受）。

3. 积极面对锦囊：当你遇到困难或挑战时，打开这个小锦囊。

目前，我面临的最大挑战是_____。然后，列出至少三种可能的解决方案，并选择其中一个去实施：我打算尝试_____这种方法来解决问题。

4. 感恩之心锦囊：每天打开这个魔法锦囊，记下一件让你心生感激的事情。

今天，我超级感激的是_____。

5. 情绪管理锦囊：当你感到情绪激动或不安时，使用这个锦囊。

我现在感到_____（如焦虑、愤怒等）。为了缓解这种情绪，我打算_____（如深呼吸、散步等）。

04 做错事了，大胆与爸爸妈妈分享

来自小朋友的信：

亲爱的心灵电台，我今天想跟你分享一件让我很困扰的事情。昨天，我不小心把妈妈心爱的花瓶打碎了。那个花瓶是妈妈的朋友从很远的地方带来的，妈妈一直很喜欢。我当时只是想把它挪一下位置，放一束新鲜的花进去，可是手滑，花瓶就摔在了地上。

我当时吓坏了，心里七上八下的。我知道我做错了事，但是又害怕被爸爸妈妈责怪。所以，我偷偷地清理了碎片，没有告诉任何人。可是，我心里一直很难受，觉得自己这样做不对。

> 噢，不！我怎么会这么不小心呢？

心灵电台，你说我该怎么办呢？我应不应该告诉爸爸妈妈这件事情？他们会不会很生气，不再喜欢我了？我真的很害怕，也感到很内疚。

心灵电台的回复：

小朋友，首先你要明白，每个人都会犯错，这是成长中不可避免的事情。你打碎花瓶是个意外，而且你已经尽力去避免这件事情发生了。所以，请先不要过于自责。

关于是否要告诉爸爸妈妈，我的建议是：大胆地与他们分享这件事情。诚实是每个人都应该具备的品质，而且我相信你的爸爸妈妈更关心的是你的安全和成长，而不是一个花瓶。告诉他们真相，也让他们知道你已经意识到了自己的错误，并为此感到内疚。

你可以选择一个合适的时机，比如大家坐在一起吃饭的时候，或者晚上看电视的时候，慢慢地告诉他们这件事情。你可以说："爸爸妈妈，我有件事情想跟你们说。昨天，我不小心打碎了妈妈的那个花瓶，我真的很抱歉。我知道那是妈妈很喜欢的东西，当时我只是想放些新鲜的花进去。我已经清理了碎片，但是心里一直很内疚，所以决定告诉你们。"

我相信你的爸爸妈妈会理解你的，他们一开始可能会有点失望，但更重要的是他们会看到你的诚实和勇气。记住，无论发生什么事情，你的爸爸妈妈都会永远爱你，支持你。所以，请勇敢地面对自己的错误，学会从错误中吸取教训，更好地成长。

我们爱你，不会因为一个物品的破碎而改变。

别担心，宝贝。一个花瓶比不上你的安全和诚实。

互动小游戏：我的感受大揭秘

记录你自己曾经犯过的错误，填写"我的感受"和"爸爸妈妈的反应"两部分。这样可以帮助你更好地理解自己，也能促进你与父母之间的沟通。记住，勇敢地面对错误是成长的一部分，而爸爸妈妈永远是你最坚强的后盾。

我的错误	我的感受	父母的反应
不小心打碎花瓶	害怕被责备	虽然很生气，但更多是关心我是否安全。

　　当我们犯错时，内心总会涌现出害怕与担忧的情绪。我们担心爸爸妈妈会因此责怪我们，更怕看到他们眼中流露出的失望。但其实，我们往往忽略了一点：在爸爸妈妈的心目中，我们的成长和进步才是最重要的。他们期望我们能在错误中吸取教训，逐渐变得更加成熟和理智。

　　因此，每当我们做错事情时，应该勇敢地面对，坦诚地向爸爸妈妈承认错误。隐瞒或逃避不仅无法解决问题，反而会让我们的内心更加不安。选择一个适当的时机，坐下来与他们进行深入的交流，是解决问题的第一步。

　　在分享的过程中，我们可以尽情地表达自己的感受和想法，让爸爸妈妈了解我们内心的挣扎与反思。同时，也要虚心听取他们的意见和建议，因为他们拥有更丰富的人生经验和智慧，可以为我们指明方向，帮助我们更好地面对和解决问题。

　　家是我们永远的避风港，它给予我们一种无法替代的归属感。在家里，我们可以卸下所有的伪装和防备，展现出最真实的自己。爸爸妈妈的关爱和支持是我们成长过程中最宝贵的力量，它让我们感受到被接纳和被认同的温暖，也让我们变得更加自信和坚强。

　　当我们做错事情时，不要害怕向爸爸妈妈寻求帮助和支持。他们的理解和包容是我们勇敢面对错误的坚强后盾。在这个过程中，我们不仅会学会如何改正错误、避免再犯，还会更加珍惜家庭的温暖和归属感。而这种归属感，正是激励我们不断成长和进步的动力源泉。

心灵电台的小锦囊

当你做错事情时，大胆地与爸爸妈妈分享是很重要的。以下是一些小建议，帮助你更好地与他们沟通。

1. 选择合适的时机和环境：例如找一个周末晚上，家里比较安静的时候，在客厅的沙发区，确保可以安静地对话的环境来分享你的事情，以确保沟通更为顺畅。

哪里是你们家最舒服、最能让你安静说话的地方？

2. 听取意见：在分享后，保持"沉默，不插话"的态度，静静地听取爸爸妈妈的意见和建议。他们可能会给你"一个意想不到的视角或解决方案"来帮助你更好地处理这个问题。

3. 坦诚地表达：当你开始分享时，首先要"深呼吸，鼓起勇气"，然后直接说出你做错的事情，不绕弯子地承认自己的错误，并真诚地表示你对此感到非常内疚和后悔。

描述一下，上次做错事情时，你的感受是怎样的？

4. 从错误中学习：每次犯错都是一次宝贵的学习机会，例如在做决定之前要三思，尤其是可能影响到他人的事情。下次遇到类似的情况，你可以先列一个计划，再征求家人的意见，确保不再犯同样的错误。

5. 共同解决问题：与爸爸妈妈一起讨论如何通过做家务或节省零用钱来赔偿损失以弥补你的错误。这样做不仅能让你觉得自己不是一个人在面对问题，还能加强你和父母之间的沟通和理解。

如果因为一个错误你需要做出补偿，你想怎么做？请列出一个方法。

希望这个小锦囊能帮助你更好地面对错误，与父母进行有效的沟通，并从中学习和成长！

05 我会向爸爸妈妈诉说我的小秘密

来自小朋友的信：

亲爱的心灵电台，我最近心里藏了一个小秘密，让我感觉好困扰。我不知道应不应该把这个秘密告诉爸爸妈妈，我怕他们不理解我，或者对我生气。我该怎么办呢？

这个小秘密是我和好朋友之间的一个约定，我们打算在周末去公园探险。但是我知道爸爸妈妈可能会担心安全问题，不同意我去。所以，我一直在犹豫要不要告诉他们。

> 爸爸妈妈，我有个小秘密想告诉你们。

> 是什么秘密呢？可以和我们分享一下吗？

心灵电台的回复：

小朋友，你心里藏着的小秘密让你感到很纠结，对吧？其实，很

多时候，我们心里有小秘密并不是什么坏事，只是因为我们担心别人的反应或者看法，而选择了隐瞒。但是，隐瞒也会让我们感到不安和内疚。

关于你的小秘密，我想说的是，如果你觉得这个秘密可能会对你或者他人的安全造成影响，那么告诉爸爸妈妈是很重要的。他们是你最亲近的人，他们会关心你的安全和健康。

你可以选择一个适当的时机，坐下来和他们坦诚地交流。你可以告诉他们你的计划和担忧，听听他们的建议和意见。他们会给你提出一些更好的建议，或者帮助你制定一个更安全的计划。

互动小游戏：秘密日记填色本

这个游戏可以通过色彩和记录来帮助你更好地理解和处理自己的秘密及情绪，并预测和记录与父母沟通的结果。

秘密内容	情绪色彩	父母反应预测	父母的实际反应

游戏说明：

情绪色彩：用彩色笔为秘密涂上代表你情绪的颜色（例如，红色代表生气，蓝色代表忧伤，黄色代表快乐等）。

其实，告诉爸爸妈妈是一个很好的选择。因为他们是我们最亲近的人，也是最关心我们的人。当我们把心里的秘密分享给他们时，他们会给我们提供很多宝贵的建议和帮助。

而且，分享秘密还能加深我们与爸爸妈妈之间的亲密关系。他们会更加了解我们的内心世界，从而更好地助力我们成长。

当然，如果你觉得这个秘密还不适合告诉爸爸妈妈，或者你自己有能力处理好，那也可以选择先自己保守这个秘密。但如果你感到困惑或者害怕，记得随时找爸爸妈妈或者其他可信赖的大人聊聊。

心灵电台的小锦囊

与父母分享秘密的小 Tips：

1. 试探性沟通：在决定直接分享秘密之前，可以先试探性地和爸爸妈妈聊天。例如：我有些事情想不明白，如果你们遇到这样的情况，会怎么做呢？

通过这样的方式，了解他们的态度和反应，为你之后的分享做准备。

2.选择适合的方式：如果你觉得面对面说出来太难，可以尝试其他方式。例如：写一封信，或者画一幅画来表达你的感受和秘密。

这些方法能帮你更容易地传达心意，同时也给爸爸妈妈更多时间去理解和思考。

3.信任和等待：分享秘密后，给爸爸妈妈一些时间来消化和思考。

记住，他们是最希望你快乐的人，即使他们的第一反应可能不是你所期望的。从爱的角度出发，他们会尽力帮助你解决问题，所以请给予他们信任和时间。

4.保持开放的心态：准备好接受爸爸妈妈的建议和反馈，保持开放和接纳的心态。他们的经验和观点可能会为你提供新的视角和解决方案。

5.跟进沟通：分享秘密后，记得与爸爸妈妈保持沟通。

这不仅能帮助你们共同解决问题，还能加深彼此之间的了解和信任。

第三章

接受压力，化解焦虑与不安

挫折是成长的必经之路。面对挫折，我们要学会通过积极的心态和适当的应对策略，将压力转化为动力，逐渐提升自己的心理弹性，从而在逆境中不断成长。当我们无法独自承受压力时，寻求他人的帮助是一个明智的选择。

01 面对学习压力，如何调整心态?

来自小朋友的信:

　　亲爱的心灵电台，我现在是初三的学生，最近真的感觉压力好大。每天从早到晚都在为中考复习，数学、英语、物理、化学……感觉时间根本不够用。晚上躺在床上，我还会想今天有哪些知识点没复习到，明天要怎么安排时间。有时候我会突然感觉很迷茫，不知道自己这么拼命学习到底值不值得，会不会最后还是考不上理想的高中?

　　前几天，我们班进行了模拟考试，我的成绩并不理想。看着那些得高分的同学，我感到很焦虑，甚至开始怀疑自己。我的努力是不是都是徒劳的?这些疑惑和担忧一直困扰着我，让我无法专心学习。

> 每个人都有自己的步调，重要的是不放弃。

> 这么多科目、这么多知识点，我到底要怎么才能复习完啊?

　　此外，每次和父母谈起学习，他们总是期望我能考上重点高中，然后进一个好大学。我知道他们是为我好，但是这种期望也给我带来了很大的压力。我怕自己让他们失望，更怕自己的未来没有出路。面对这样的学习压力，我该怎么调整自己的心态呢？

🎓 心灵电台的回复：

　　亲爱的同学，我完全能理解你现在的感受。学习的压力确实是每个学生都会遇到的挑战，但请相信，你并不孤单。而面对这样的压力，我们该如何调整心态呢？

　　首先，想象一下你正在攀登一座高山。虽然路途艰辛，但每当你回头看看已经走过的路时，是不是会感到一种成就感？学习也是这样，虽然你会遇到困难和压力，但每当你掌握了一个新知识点，解决了一个难题，那种喜悦和成就感是无法言喻的。

无论是攀登高峰，还是解决学习难题，每一点进步都值得我们庆祝。

这种感觉太棒了！

　　其次，我想告诉你的是，不要过分比较。每个人的学习情况和天赋都不同，所以成绩也会有所差异。重要的是，你要关注自己的进步，而不是和别人比较。只要今天的你比昨天的自己更好，那就是进步。

最后，你要相信自己的能力和潜力。中考只是人生中的一个阶段，它并不能决定你的未来。只要你面对压力时不轻易放弃，学会调整心态，积极面对挑战，相信你一定能够度过这个难关！

🧚 互动小游戏：心理压力小日记

每天记录下自己的睡眠时间、锻炼次数，还有自己的心理状态。通过这些记录，我们可以发现一些有趣的规律，比如睡得好或者多运动的时候，心情是不是也会变好呢？每天花一点点时间记录一下，就可以更好地了解自己的心情，快来试试吧！

日期	睡眠时间（小时）	锻炼次数	心理状态评估
			★

🔍 小提示：

心理状态评估：用桃心或者星星表示自己的心理状态，1颗表示非常放松，心理状态极佳；5颗表示心理压力极大。

接下来，让我们一起探讨如何将压力转化为动力。你可以尝试合理安排时间，制定一个切实可行的学习计划。例如，每天为自己设定明确的学习目标，并在完成后给予自己一些小奖励。这样不仅能提高你的学习效率，还能让你在学习的过程中保持愉悦的心情。

你可以与老师或同学交流，了解自己的薄弱环节，并针对性地加以改进。每当你达到一个小目标时，就会离你的大目标更近一步。每当你完成一个学习任务时，都会有一种成就感，这也是缓解压力的好方法。

当然，适时的休息和放松也是必不可少的。就像攀登高山时需要在途中休息一样，学习过程中也需要给自己留出放松的时间。你可以利用课间休息、午休时间做一些自己喜欢的事情，如听音乐、阅读课外书籍或与同学聊天。这些小小的放松活动能够让你在紧张的学习之余得到宁静与安慰。

心灵电台的小锦囊

面对学习压力，我们不仅需要合理的学习计划与目标设定，更需要学会如何缓解焦虑，保持心态的平和。以下是一些小方法可以帮大家缓解压力。

1. 深呼吸与冥想：当你感到焦虑时，尝试进行几次深呼吸。深吸一口气，然后缓缓呼出，这样可以帮助你放松身心。

当我感到焦虑时，我会尝试进行_____次深呼吸，或者_____来放松自己。

2. 分散注意力：有时候，过度关注某个问题或担忧会加剧焦虑。尝试转移注意力，做一些你喜欢的事情，如阅读、画画、听音乐等。

3.积极与他人互动：参加各种活动，如运动、聚会等，也能帮助你放松心情，缓解压力。

我喜欢通过＿＿＿＿＿来分散注意力，这对我来说是一个有效的放松方式。

4.学会接受与放手：有时候，不要太过于在意结果，学着接受不可改变的事情，并放手让事情自然发展。

5.保持健康的生活习惯：确保充足的睡眠，定期进行体育锻炼，运动是缓解焦虑的天然良药。

为了保持健康的生活习惯，我计划每天保证＿＿＿＿小时的睡眠时间，并每周进行至少＿＿＿＿次体育锻炼。

02 应对挫折，提升心理弹性

来自小朋友的信：

亲爱的心灵电台，我今天遭遇了一个很大的打击。我是班上的学习委员，一直以来，我都很努力地帮助同学们提高学习成绩，也尽量完成老师交代的任务。

可是，今天老师在课堂上公开批评了我，因为最近几次的作业收发和课堂纪律都不太好。我感到非常羞愧和难过，觉得自己没有尽到学习委员的责任。同学们看我的眼光也让我觉得无地自容。

心灵电台，我真的很想做好这份工作，但这些挫折让我感到很沮丧，我开始怀疑自己是否真的能够胜任这份工作。我不知道该怎么面对这样的失败，也不知道如何重新获得老师和同学们的信任。

心灵电台的回复：

小朋友，我很理解你现在的心情，面对挫折确实会让人感到难过和失落。但你知道吗？其实，挫折是成长的必经之路，它就像一块磨刀石，能够让我们变得更加锋利、更加坚强。

想象一下，一个剑客如果想要自己的剑更加锋利，他会怎么做呢？他会不断地用磨刀石去磨这把剑，虽然过程中会让剑受到一些磨损，但最终这把剑会变得更加锋利，无坚不摧。我们也是一样的，每一次的挫折都是在磨炼我们的意志和能力。

首先，我建议你找一个合适的时间，平静地与老师沟通。诚实地表达你的感受，承认自己的不足，同时询问老师对你工作的具体期望和建议。这样，你可以更清楚地了解自己的问题所在，并找到改进的方向。

其次，不要忽视了同学们的意见和反馈。你可以私下与一些同学交流，了解他们对你的看法和建议。这有助于你更全面地认识自己，发现可能存在的问题，并寻求改进的方法。

在面对挫折时，保持积极的心态非常重要。不要把一次失败视为自己无能的表现，而要将其视为成长的机会。相信自己有能力克服困难，重新获得老师和同学们的信任。

我觉得自己还有很多不足之处，你能给我一些建议吗？

我觉得你可以多听听我们的想法和意见。这样才能让学习氛围更加活跃。

互动小游戏：挫折变宝藏

　　每一次的跌倒和失败，都是人生路上的宝藏，蕴藏着无限的经验和智慧。通过填写这份日志，你将学会如何从挫折中汲取力量。记住，真正的勇士不是从不失败，而是每次失败后都能更勇敢地站起来。让我们一起逆袭，把每一个挫折都变成人生中最宝贵的财富吧！

遭遇的挫折	时间	失败的原因	下次如何避免

使用说明：

　　1.每次遭遇挫折后，及时在表格中记录下来。如：2023.05.10 数学考试没考好。

　　2.分析失败的原因，并思考应对策略。如：没有充分复习。

　　3.总结经验，思考下次如何避免类似的错误。如：提前规划复习时间，定期做题巩固知识。

心灵电台的小锦囊

　　那么，如何提升心理弹性呢？首先，我们要学会接受挫折，不要害怕失败。每个人都会失败，但重要的是我们如何从失败中站起来。你可以试着从中总结经验和教训，找出失败的原因，并思考如何在下次避免同样的错误。

你能否回顾一次自己的失败经历，并尝试找出失败的原因？

其次，保持积极的心态也很重要。你可以找一些朋友或家人倾诉自己的困难，他们的支持和鼓励会让你重新找回信心。同时，也要学会给自己一些正面的暗示和鼓励，相信自己有能力克服任何困难。

问题二：在面对困难时，你会如何调整自己的心态以保持积极？

最后，记住不要急于求成。成长是一个漫长的过程，需要我们耐心地等待和努力。只要你坚持不懈地追求自己的梦想，相信总有一天你会实现自己的梦想。

问题三：在面对进度缓慢或者困难重重时，你将如何保持耐心和坚持？

所以，小朋友，不要害怕挫折，勇敢地面对它，并从中汲取力量。随着时间的推移，你会发现自己在面对挫折时越来越从容，心理弹性也得到了提升。相信你一定能够在逆境中不断成长，成为一个更加坚强、更加优秀的人！

03 倾听内心的声音，认识并接纳自己的情绪

来自小朋友的信：

亲爱的心灵电台，你好！我最近的心情真是像过山车一样，起起落落，让我有些手足无措。有时候，我会觉得非常开心，觉得生活充满了希望和乐趣。但有时候，我也会突然陷入一种烦躁不安的情绪中，感觉像是被一股无形的力量牵制着，无法挣脱。

> 心情不稳定导致我的学习也跟着受影响，我该怎么办？

> 试着记录一下自己的心情变化，找出规律，然后调整学习方法。相信我，你会越来越棒的！

这种情绪的变化让我感到很困惑，我不知道自己为什么会这样，更不知道该如何去应对和处理这些复杂多变的情绪。每当这种时候，我就感觉自己像是一个孤独的小船，在茫茫的大海上迷失了方向。你能告诉我，我该怎么做吗？

心灵电台的回复：

我们的内心充满了各种各样的情绪。这些情绪就像是住在我们心里的小精灵，它们有时会开心地跳舞，有时会生气地扭过头去，有时还会悄悄地哭泣。想象一下，如果这些小精灵的声音都被我们忽视了，

它们会不会感到很孤单、很无助呢？所以，我们要学会倾听内心的声音，认识并接纳自己的情绪。

小朋友，情绪是我们内心的信号，它们告诉我们现在是开心、难过、生气还是紧张。只有当我们真正地去倾听这些情绪，了解它们背后的原因，我们才能更好地管理自己的情绪，成为情绪的主人。

所以，不要害怕自己的各种情绪，也不要逃避它们。试着去接纳它们，和它们成为朋友，你会发现自己的内心变得更加平静和强大。在面对压力时，你也能保持冷静和理智，勇敢地迎接每一个挑战。

🧚 **互动小游戏：识别情绪晴雨表**

让我们一起动手，用画图的方式记录我们的心情吧！就像天气预报里的晴雨表一样，我们可以用颜色和图案来展示我们每天的心情哦！

我知道的情绪	
让我快乐的事情	
让我难过的事情	
让我害怕的事情	
让我生气的事情	

小提示：

1. 如果今天你感到超级开心，那就画个大大的太阳，再加上几朵笑眯眯的云彩，是不是感觉很温暖呢？

2. 如果你有点难过或者不开心，那就画一朵小乌云，再加上几滴小雨滴，就像我们的眼泪一样。别忘了，乌云总会散去，阳光总会再来哦！

3. 如果你觉得很生气，可以画一个冒火的小火山，但是要记住，生气可不好，我们要学会控制自己的情绪哦！

最后，接纳情绪是一个需要时间和实践的过程。重要的是要保持耐心和开放的心态，慢慢学会和自己的情绪和平相处。小伙伴们，加油哦！

心灵电台的小锦囊

学会接纳自己的情绪可以让我们的内心变得更加强大，还能让我们更加健康快乐呢！接下来，我就告诉你们一些小秘诀，帮助你们更好地接纳自己的情绪。

1. 随时观察自己的小情绪：要时刻关注自己的心情变化，

比如开心、难过、生气等。

可以试试写日记或者冥想，来了解自己的情绪是怎样的。

2. 给情绪取个名字：当你产生某种情绪时，试着给它起个名字，比如"悲伤熊"或"愤怒鸟"。

这样可以帮助你更清楚地认识和理解自己的情绪哦！

3. 像旁观者一样看情绪：不要急于评价自己的情绪是好是坏，就像看电影一样，观察它、了解它。

记住，情绪只是内心的反应，没有绝对的对错。

4. 让情绪自由自在：不要压抑或逃避自己的情绪，让它们自然地来，自然地去。

情绪是暂时的，它们会自己走开。

5. 深呼吸，放轻松：当强烈的情绪来临时，试着做几次深呼吸，让自己平静下来。

还可以尝试一些放松练习，比如让身体的肌肉慢慢放松。

6. 找个小伙伴聊聊天：和你信任的朋友或家人分享你的心情，有时候说出来就会感觉好很多。

7. 找个方式释放情绪：你可以通过画画、写东西、运动或者听音乐等方式来表达和释放自己的情绪。

这些活动可以帮助你转化和处理各种情绪。

8. 对自己好点：要善待自己，像对待好朋友一样对待自己。

不要自责或贬低自己，要用理解和接纳的态度来面对自己的情绪。

04 寻求帮助，与他人共同面对困难

来自小朋友的信：

亲爱的心灵电台，我最近遇到了一个问题，让我感到很困惑。在学校里，我发现有些作业特别难，有时候我甚至不知道从哪里下手。当我遇到这种情况时，我总是感到压力很大，害怕自己无法完成作业。我担心如果我向别人求助，他们会觉得我很笨。所以，我一直在犹豫要不要寻求帮助。请问，我应该怎么办呢？

> 这些作业太难了，我不知道该怎么做。

> 问问老师或同学吧，他们会很乐意帮你的。

如果我向别人求助，他们会不会嘲笑我或者觉得我很无能？而且，如果每个人都能自己解决问题，那是不是就意味着我也应该独自面对呢？

心灵电台的回复：

小朋友，你有没有想过，为什么我们总是喜欢和朋友一起玩耍、分享快乐呢？这其实是因为我们心里都渴望一种叫作"支持"的东西。

那么，当我们遇到压力时，为什么不能像寻找快乐一样去寻找支持呢？

> 老师，我有一道数学题不会做，您可以帮我解答一下吗？

> 当然可以！来，我们一起看看这道题。

寻求帮助不是一件丢人的事情，反而是一种勇敢的表现。当我们无法独自应对困难时，应该向他人敞开心扉，这不仅可以让我们得到宝贵的建议和帮助，还能让我们感受到温暖和支持。它就像是我们身边的小卫士，总是在我们最需要的时候给予我们力量。

想象一下，如果你在玩一个团队游戏，突然间遇到了困难，你是选择独自面对，还是寻求队友的帮助呢？大多数时候，我们会毫不犹豫地选择后者，因为我们知道团队合作的力量是无穷的。

所以，当你遇到困难时，不妨试着和你的家人、朋友或老师分享你的困难。你会发现，他们不仅不会嘲笑你，反而会给你鼓励和支持。记住，寻求帮助是一种智慧，也是我们成长过程中不可或缺的一部分。

互动小游戏：打败"困难怪"

每次遇到"困难怪"的时候，大家可以将它记录下来，这个"困难怪"是什么样子的，它让你感到怎么样或者你找了谁来帮忙，是怎么寻求帮助的。这个表格就像是一本小小的冒险日记，记录着你与"困难怪"的战斗历程。你还可以向爸爸妈妈或者好朋友分享这个表格，让他们看到你的成长和进步。

压力指数	遇到的"困难"	求助对象	求助方式
★★★★☆	作业太多，时间不够用	妈妈	和妈妈一起制定学习计划

　　小朋友们，你们有没有遇到过这样的情况呢？作业好多，感觉时间不够用；或者要参加一个比赛，心里好紧张。这种时候，你们会不会觉得像有一个大大的"困难怪"坐在你们的肩膀上，让你们喘不过气来？

　　其实，每个人都有这样的时候，大人也不例外。但是，有一个超级秘诀可以帮助我们打败这个"困难怪"，那就是——寻求帮助！

　　我们可以找爸爸妈妈、老师或者好朋友聊聊，把我们的烦恼告诉他们。他们就像是我们的"盟友"，会给我们出谋划策，一起对抗"困难怪"。他们的一句鼓励、一个建议，都能让我们变得更加强大，更有信心面对困难。

　　想象一下，如果你是一个小勇士，正在与一只凶猛的巨龙作战，但是你发现自己一个人打不过它。这时候，你的朋友们赶来了，他们给你带来武器，帮你制定战斗计划。你是不是感觉信心大增，变得勇敢多了呢？

　　而且寻求帮助其实也是一种很棒的社交方式，它能让我们感受到一种特别的温暖。当你勇敢地寻求帮助时，其实也在给别人一个来帮助你的机会，他们会觉得很开心、很有成就感。所以，寻求帮助不仅对自己有好处，还能让周围的人感受到快乐和满足。

当我们把自己的困难和烦恼告诉别人的时候，会发现原来有那么多人在关心我们、支持我们。这种感觉真的好幸福！所以，小朋友们，当你们感到压力大的时候，不要一个人默默承受。记得向身边的人寻求帮助，让他们成为你们的"盟友"，一起打败"困难怪"吧！

心灵电台的小锦囊

如何一起打败困难小怪兽？下面为大家介绍几种方法。

1. 大胆说出来：不要把小怪兽藏在心里，要告诉我们的朋友或者家人。这样，他们才能知道我们遇到了什么麻烦，然后一起想办法解决。

2. 找对人帮忙：可以找信任的人，比如好朋友、爸爸妈妈或者老师。他们会给我们出主意，一起把小怪兽赶走。

3. 多参加活动和大家一起玩：和小伙伴们一起做游戏、参加学校的活动，不仅可以玩得开心，还能在遇到困难时得到大家的帮助。

4. 互相帮助：在打败小怪兽的过程中，如果我们看到别的小伙伴遇到了困难，也要勇敢地伸出援手。这样，大家就能一起变得更强大。

5. 记得说谢谢：当有人帮助我们打败小怪兽时，一定要记得说谢谢。这样，下次我们遇到困难，他们也会帮助我们。

小朋友们，面对困难小怪兽时，我们不要害怕。只要大家团结一心，互相帮助，就一定能打败它们！记住，我们永远不是一个人在战斗，有好多好多的小伙伴和家人都在支持着我们。一起努力，让生活更加快乐、更加美好！

05 我相信自己有解决问题的能力，不怕失败

来自小朋友的信：

亲爱的心灵电台，我最近有了一个新发现，那就是归属感的力量真的很奇妙。我以前总觉得钢琴这种乐器非常高深，跟我好像没什么关系。但是自从我加入学校的音乐社团之后，和一群同样热爱音乐的小伙伴一起练习、交流，我突然觉得自己也融入这个音乐的世界了。

开始学习钢琴的时候，我对音符一无所知，经常感到迷茫和挫败。但是，每当我看到社团里的小伙伴们互相加油打气，互相帮助，我就觉得我并不孤独。我们有着共同的目标，都热爱音乐，这种紧密的联系给了我巨大的动力和勇气。

现在，我已经可以熟练地弹奏几首曲子了，这多亏了社团里小伙伴们的鼓励和支持。每次在社团活动中表演，我都能感受到大家的认可和喜欢，这让我更加坚定了继续学习钢琴的决心。这个社团让我找到了归属感，也让我变得更加自信。我相信，在未来的日子里，我会和社团的小伙伴们一起努力，创造出更多美好的记忆。

> 都是因为你们的鼓励，我才有勇气挑战自己。

> 哇，真不敢相信这是你学钢琴没多久的成果！

心灵电台的回复：

小朋友，你说得很对，归属感确实能给我们带来巨大的勇气和自信，它让我们感受到自己与他人之间的紧密联系。你在音乐社团中与小伙伴们共同学习、共同进步，这种团队合作的精神和互相支持的氛围，无疑激发了你的潜力和自信心。

你的进步和所取得的成就，不仅仅是你个人努力的结果，也是整个社团共同努力的表现。希望你能继续保持这份自信和勇气，勇于挑战自我，实现更多的梦想和目标。

请记住，只要你相信自己，你就已经迈出了通往成功的第一步。无论未来走到哪里，都别忘了这份珍贵的归属感，它将是你前行路上不可或缺的力量。

> 加油！你一定可以的！

> 还有最后一圈，我相信自己，一定能坚持到底！

互动游戏：自信小勇士打卡冒险

你们想不想变得更自信，和朋友们相处得更好，还更加喜欢自己呢？那就快来加入我们的"自信小勇士大冒险"吧！这里有一些超级好玩的小任务在等你们来完成哦！每完成一个，你们就可以在打卡表上做个记号，再在空白处填写其他的任务，最后看看自己变得多厉害！

对陌生人微笑			
	赞美陌生人		给自己买礼物
大声夸奖自己			
√			
		与陌生人交谈	

心灵电台的小锦囊

现在，让我们来看看，怎样才能让自己更加相信自己？

1. 保持好奇和探索的心态：对周围的世界保持好奇，尝试新事物，即使失败了，也能学到东西。

2. 设置小目标：给自己设定一些小目标，一步一步地去实现。每次达成目标，都会增强你的自信。

3. 学会自我鼓励：当遇到困难时，告诉自己"我可以做到"，而不是说"我做不到"。

当我感觉压力，我会告诉自己：

当我感觉孤单，我会告诉自己：

当我感觉不安，我会告诉自己：

4. 从别人的故事中寻找灵感：听听那些成功人士的故事，他们很多人在成功之前也经历了很多次失败。

5. 和朋友分享你的经历：当你遇到挫折时，和朋友或家人聊聊，他们的支持会让你感到温暖，也会给你力量。

最后，请你记住，每个人都会失败，这是正常的。重要的是我们如何看待失败，以及我们从中学到了什么。相信自己的能力，不要害怕失败，这样我们就能勇敢地面对生活中的任何挑战，成为真正的问题解决者！

第四章

认清自我，拥抱真实的自己

　　自信的人敢于表达自我，不畏惧他人的眼光，勇敢地追求自己的梦想。我们要学会珍惜自己的价值和独特性，在这个世界上，每个人都有属于自己的光芒和独特之处，一颗星星的美丽并不在于和别的星星比较，而在于它独特的闪耀。

01 积极参加集体活动，培养集体荣誉感

来自小朋友的信：

你好呀，我的好朋友心灵电台！今天我想给你分享一个我参加集体活动的经历。

前几天，我们学校组织了一次环保义工活动，大家要一起去附近的公园清理垃圾。我听到消息后，立刻报名参加。活动当天，大家拿着手套和垃圾袋，兴致勃勃地开始了清理工作。

在活动结束后，学校举行了表彰大会，表彰了那些积极参加集体活动的同学。我凭借着自己的热情和努力，荣获了"最佳环保义工奖"，大家都开心地为我欢呼。

通过这次活动，我深刻体会到了集体活动的乐趣和意义，更加珍惜班级的团结和友谊。我还学会了团队合作、互助互爱，同时也培养了自己的责任感。在发表获奖感言时，我说道："参加集体活动，不仅可以锻炼我自己的能力，更能让我感受到集体的力量和荣誉，我会继续积极参与，为班级作出更大的贡献！"

这里有好多垃圾呀！

没关系，我们人多力量大，很快就能让这里变得干净整洁。

心灵电台的回复：

你有没有觉得，有时候一个人在家里闷头学习或者打游戏，时间虽然过得飞快，但总感觉少了点什么呢？那就是和朋友们一起嬉笑的快乐时光啦！今天，就让我们聊聊参加集体活动的意义，以及它能给我们带来的正能量吧！

首先，参与集体活动可以让我们结识到很多新朋友。你知道吗，在一起努力的时候，总是能发现那些平时注意不到的闪光点。就像在一次团队活动中，你可能会发现，原来那个平时看上去很安静的同学，在篮球场上是个超级霸王，三分线外投篮非常精准！这样的发现难道不是很有趣吗？

而且，在集体活动中，我们总能学到很多课本上学不到的东西。比如在一次登山活动中，我们不仅锻炼了身体，还学到了如何合理规划路线，怎样在野外生存等知识。这些都是在日常生活中难得一见的体验。

最重要的，参加集体活动能培养我们的归属感和集体荣誉感。当我们为了同一个目标努力，为了集体的荣誉拼搏时，我们之间的关系就会变得更紧密。还记得有一次，你们班在校运动会上赢得了接力赛的冠军吗？那一刻，大家拥抱在一起，激动的泪水都快要流出来了。那种为集体争光的感觉，真的是太棒了！

我们竟然赢了！太开心了。

为班级争光的感觉太棒了！

🧚 **互动小游戏：融入集体大挑战**

给大家推荐几个超级好玩的互动小游戏，不仅能增进感情，还能让你对集体活动爱得停不下来！

游戏名称	游戏内容	游戏难度	游戏完成度评分（1-10分）
破冰神器——名字接龙	大家围坐一圈，第一个人说出自己的名字并做一个简单的动作（比如拍拍手），下一个人重复前一个人的名字和动作，再说出自己的名字并增加一个新的动作。这样一来，大家既记住了彼此的名字，还因为搞怪的动作笑成一团，不知不觉中就熟悉了彼此。	★★★	
合作无间——蜘蛛网	在一个开阔的场地，用绳子或彩带在空中编织出一个蜘蛛网，每条绳之间留下足够大的空隙。参与者需要一一通过这些空隙而不触碰到绳子，整个团队必须互相协作，帮助彼此通过。这个游戏不仅能锻炼团队的协作能力，还能体验到集体成功的喜悦。	★★★★	
欢乐无限——超级杂技挑战	把参与者分成两队，每队派出一个代表，站在平衡板上。别的队员需要用手掌轻轻推同组代表，让其保持平衡，谁能在平衡板上站得最长久，谁就获胜。这个游戏不仅考验了个人的平衡能力，还需要队友间的默契配合，欢乐不断！	★★★★★	

可能还有同学会觉得宁愿在家里安静地看书，也不想参加那些吵

吵闹闹的活动。是的，每个人的性格和喜好都不一样，但偶尔走出舒适区，尝试一些新鲜事物，你可能会发现之前未知的自己哦！

所以，当有集体活动的机会出现时，不妨勇敢地迈出那一步。可能刚开始会有些不习惯，但时间久了，你会发现自己的世界因此变得更加精彩。我们在群体中学习，在合作中成长，在欢笑中收获友谊。让我们一起，为了自己、为了集体，释放出属于我们自己的能量吧！

🪶 心灵电台的小锦囊

小朋友们，你是不是很疑惑，为什么在玩乐中还能培养起咱们的集体荣誉感和归属感呢？让我们来看看如何给集体荣誉感和归属感叠加 buff 吧！

不过，集体活动也不是强迫的！要了解每个人的想法，找到大家都感兴趣的活动，这样才能玩得尽兴。就跟打游戏一样，找到自己的优势，劲儿就上来了。

那么，挑个什么活动最能培养集体荣誉感呢？比如接力赛、拔河赛，心情舒畅的同时，还能让我们在胜利的瞬间共同高呼，感受到作为团体成员的自豪和荣誉呢！

对了，小朋友们参加研学活动也是不错的选择。它能够增长我们的知识，开阔视野，还能邀请家长们一起参与，家校共育嘛，多好啊！

所以，同学们，积极投身到集体活动中来吧！班级有什么活动，赶紧报名参加！学校组团去社区做志愿者，你也别犹豫，参加！你会发现，原来集体荣誉感就像充满了氦气的气球，让我们跟着幸福感一起飘得更高。

02 散发自信，敢于展示自我

来自小朋友的信：

你好，心灵电台，我有一个烦恼想向你倾诉，它关乎勇气和自信。

我在书法上很有天赋，我不仅热爱书法，更投入了无数的汗水。但我的这份才华仅限于在家中练习。

在我温暖的小房间里，墨迹在宣纸上跳跃，仿佛在讲述着一个又一个充满魅力的故事。然而，每当我站在学校的汇报课上，面对着同学们和老师时，原本充满自信的我就变了。我的手心开始出汗，心跳加速，仿佛所有的自信与练习在那一刻全都烟消云散。我的声音开始紧张颤抖，好像字里行间的力量和美感突然间都变得遥不可及。

这种反差让我感到十分苦恼，我很困惑，为何在家里能够毫无顾忌地挥洒自如，一到公共场合就变得如此局促不安。我开始怀疑自己，甚至有些焦虑和害怕再次面对那个使我露出弱点的讲台。在这样的困境中，我经历了一次又一次的内心挣扎，我渴望能够突破这层无形的障碍，希望有一天自己能够在众人面前展示真正的自己。

心灵电台的回复：

小朋友们，在色彩斑斓的成长历程中，是否曾有过这样的瞬间——你站在众人面前，光就像是聚光灯一样，让你感到无处遁形。你想要勇敢地向大家展示真正的你，却突然觉得腿脚发软，声音也低沉了。其实，我们每个人都可能经历过这样的小怯场。

有时候，最吸引人的并不是外表，而是内心的自信与光芒。自信的人，散发出一种特别的魅力，吸引着周围的人，就像星星闪耀夜空一样璀璨。而如何散发自信、勇于展示自我，则成为一个重要的课题。在这个过程中，我们可以从不同角度去寻找答案。

散发自信不仅是一种心态，也是一种拥有归属感的态度。正所谓态度决定一切，如何表现出自信，将会决定你在别人心目中的形象。让自己的语言、行为展现出自信的风采，不断突破自我，不断学习创新，尝试各种可能吧！

> 她真的好自信啊，身上似乎散发着光芒。

> 是啊，自信的人真的有一种独特的气质，特别美！

互动小游戏：自信大作战

让我们一起来参加一场有趣的小游戏——自信大作战！这个小游

戏不仅可以帮助你打败自卑，还可以教你如何散发出魅力，吸引他人的目光。不要再躲在角落里，勇敢地展示真实的自我，感受自信所带来的力量，让我们一起来挑战吧！

游戏名称	游戏内容	游戏难度	参与者评分（1–10分）
真我风采秀	类似于一场简单的才艺展示会，每个参与者准备两个才艺，一个是自己擅长的，另一个则是平时很少尝试，甚至是第一次挑战的。这样不仅能展现出自己的长处，还能勇敢地尝试新事物，释放自己的多面性。	★★★	
我是传说	参与者需要做简短的自我介绍，然后围绕着自己一个鲜明的特点，编造一个与自己相关的"传说"故事。通过这种方式，不仅可以让大家认识到你的特质，也能在团队中建立更强的归属感。	★★★★	
突破舒适区	每个人都需要从一个帽子里抽签，上面写着一项与当前活动环境相关但稍显挑战的任务，比如做一个即兴演讲、模仿一个名人等。目的是鼓励大家敢于挑战自己，即使是在不太熟悉的领域。	★★★★★	

当你完成所有挑战后，你会发现，原来自信的力量一直都在你体内，只是需要一个适当的发光点。希望通过这个游戏，每个人都可以找到属于自己的光芒，敢于展示真实的自我，散发出独特的自信魅力！

提升自信的过程也是一个展示归属感与凝聚力的过程。在团队中，展现出自信与团队精神的结合，能够更好地推动团队的发展。通过在集体活动中发挥自己的特长，勇于展示自我，也会获得他人的认可与尊重，增强团队的凝聚力。

所以，勇于展示自我吧！让自己的光芒散发出去，激发出周围人的积极能量，从而建立更加紧密的关系。只有不断提升自己的自信，勇于表现自己，才能在人生的舞台上展现出最耀眼的风采！

心灵电台的小锦囊

自信，是一个弥足珍贵且至关重要的品质，总能散发出一种无法忽视的独特魅力，无时无刻不在吸引着他人的目光。一次又一次的挑战，无论结果如何，我们都应大胆地展示自我，散发自信的魅力，这就是我们所有鲜活的生命力的来源！

首先，把自己擅长的事当成一个个小目标，逐个击破。不管是面对父母，还是亲戚、朋友，都要抓住机会展示自己。和朋友们一起练习，会让你获得更多的归属感和支持。

其次，多接受一些小挑战。每当家人或朋友需要帮忙时，我们都可以自告奋勇，让自己感觉真的被需要。而且完成任务后的那份成就感，会让我们的自信心日益增强。

此外，我们还可以分享自己的小秘密和小成就。家人和朋友会为你的成长感到自豪，在他们的鼓励与肯定声中，你将更加自信地享受舞台体验。

03 积极贡献，成为超棒的任务小达人

来自小朋友的信：

你好，心灵电台，我最近有一个新发现。在每个班级中，总会有那么一些同学，默默为班集体付出，他们被称为班级中的小达人。他们的行为无须张扬，却时刻散发着光芒。

小明就是这样一个同学，他就如同我们班级里的一束明亮的阳光，总是乐于伸出援手，积极参与各种班级活动。每当有活动安排，他总是第一个冲在最前面，无私奉献。无论是为新同学们介绍班级环境，还是协助老师整理教室，小明总是义无反顾，毫无怨言。

小明不仅在日常活动上表现出色，在学习上也是一个不折不扣的学霸。他每节课都专心致志地听讲，乐于分享自己的见解，帮助其他同学解决问题。老师们纷纷称赞有了小明这样的学霸同学，班级氛围都变得更加融洽且充满正能量了。

谢谢你，小明，你真是太聪明了，这么难的题都能给我讲解清楚。

不客气啦，同学之间就应该互相帮助。

心灵电台的回复：

班级就是一个小小的社会，每一个成员都扮演着不同的角色，都有着各自的使命。你是否想过成为那个在班级中收获无数赞许眼光，成为超棒任务小达人的那个？关键就在于积极贡献，让自己成为班级中不可或缺的一部分，为大家的幸福感和归属感贡献自己的力量！

回想那些值得骄傲的时刻，是不是都与积极贡献密不可分？比如在端午节那天，你手工制作的五彩线串成的粽子，虽简单却唤起了大家对传统文化的无限崇敬。再比如，你那次 环保制作的宣传海报，直观有力地传达出保护环境的信息，让同学们积极投身于环保行动中。

变成任务小达人，并非是遥不可及的梦想。先从小事做起，如同星星充电一样，给予班级无穷的活力与动力源。周末组织同学们在社区里做公益，你虽是发起人中的一员，但积极地将大家的力量凝结在一起，让每个人都觉得自己是团队的重要组成部分。

我们班需要新画一个五一劳动节主题的黑板报，哪位同学愿意接下这个任务呢？

老师，让我来吧，我正好擅长画画！

心灵电台的小锦囊

在班级中，每个人都渴望成为一名积极贡献者，做一个令大家瞩目的小队员！对于学生来说，如何展现自己的积极

力量呢？一起来看看小锦囊吧！

　　首先，成为超棒的任务小达人并不难。想象你是一支足球队中不可或缺的射手，每个进球都是对团队的贡献。同样，在班级里，完成老师交代的任务就是你的进球，积极完成任务不仅展现了你的责任心，也让大家看到了你的能力！

　　在空白处写下你对奉献精神的看法：

　　其次，归属感是驱动积极贡献的动力之一。在班级中，踊跃参与各项活动，帮助同学解决问题，关心班级的荣誉，就像是为这个大家庭添砖加瓦，让大家更加团结。

　　在空白处写下你付出后的感悟：

　　最后，要学会发挥自己的特长，无论是擅长画画、讲故事，还是擅长安慰他人，在班级中展现你的特长，给大家带来欢乐和正能量，这就是一种最美的积极贡献！

　　在空白处写下你的特长：

04 做错事，我会主动站出来承担责任

来自小朋友的信：

你好，心灵电台，悄悄告诉你，我前段时间在学校里犯了一个大错，不小心破坏了校园的花坛。当时没人看见，我本来可以选择逃避责任，但我毫不犹豫地站了出来，毅然承认了自己的错误。

虽然我很害怕被批评，但还是鼓起勇气告诉老师："对不起老师，我不该毁坏花坛，下次我会注意的。"老师听后，夸奖我的勇气和诚实。同学们也被我的勇敢所感染，开始认识到主动承认错误的重要性。

这件小事让我获得了更多的朋友，大家也更加愿意和我相处。我才发现，当勇于面对自己的错误时，不仅增加了自己的归属感，还收获了更多的友谊和信任。

心灵电台的回复：

生活中，承认错误不仅需要勇气，更是一种责任。有时候，我们因为犯错而感到焦虑，害怕被指责。但只有勇敢地正视问题、主动承担责任，才能走出困境，真正成长。勇于道歉，诚挚地向对方表达歉

意，是建立和修复关系的第一步。

承认错误，主动道歉，不仅是对别人的尊重，更是对自己人品的坚守。面对自己的过错，不要逃避责任，要用行动证明自己的成长和勇气。只有勇敢地站出来承担责任，我们才能真正赢得别人的信任和尊重。

> 你竟然主动承认错误，你不怕被批评吗？

> 当然怕呀，但是我觉得诚信比逃避更重要。

🧚 互动小游戏：承担责任的小超人

在生活中，总会有这样那样的磕磕碰碰，比如和小伙伴争吵了，或者不小心打翻了水杯。别急，其实这些都是成长的好机会，通过一个有趣的互动小游戏，咱们一起学习怎么样成为一个敢于承担责任的小超人！

序号	分享人物的名字	错误故事分享	解决方式	感悟
1				
2				
3				
……				

游戏规则：

首先，大家围坐成一圈，每个人手里拿着小黄鸭。游戏开始后，音乐响起，大家开始传递小黄鸭。音乐一停，手里留着小黄鸭的那个人，就要分享一个自己曾经犯过的小错误，然后说出自己是怎样勇敢面对并解决问题的。通过这样的分享，大家不仅能够学习到如何处理问题，还能感受到在团队中勇于承担责任的重要性。

承认错误并不是软弱的表现，而是成长的标志。勇敢地面对错误，其实是一种归属感的彰显，表明你是班级、家庭、社会中重要的一员。

所以，我们要像电影里的正义超人一样，也许不完美，但绝对不逃避。遇到不对的地方，要毫不犹豫地举手："是我，我来改正！这种精神，迟早都会被大家记住。

心灵电台的小锦囊

你是不是也有过这样的经历？做错了事，心里十分纠结，只想找个地洞钻进去。不管你有没有变成"地洞人"，解决问题才是最重要的。

那么，当你在团队中、在家中，或者在学校做错了事情，要怎样主动站出来呢？不妨试试这个秘密武器——责任三部曲！

第一步，冷静下来，别急着辩解。先对自己做的错事做个回顾，弄清楚哪里出了问题。

在空白处写下你分析出的原因：

第二步，用最直接的方式——开口说出"我错了"。记得，态度一定要诚恳，看着对方的眼睛说出来。

在空白处写下你的道歉方式：

第三步，提出解决方案。改正错误，避免下次再犯，这样才能解决问题。用行动去证明你的改变，这比千言万语都有力。

在空白处写下你的解决方案：

其实，认错并不可怕，相反，它能让我们变得更强大。只要你愿意，每次犯错都是向上的一小步，最终你会站在一个更高的地方看世界。

记住，下次做错事了，别怕，勇敢站出来，说声对不起，就已经是一个更好的你了！

05 不和他人作比较，珍惜自己的独特之处

来自小朋友的信：

你好，心灵电台，我最近遇到了一个困惑。

我是一个充满好奇和探索欲望较强的小男孩，总喜欢拿自己与周围的人作比较。不管是在课堂上回答问题、课外活动的表现，还是日常的学习成绩、运动能力，我总想要在所有方面比别人都好。然而，在长时间的比较过程中，我逐渐失去了原有的快乐，那种简单的、纯粹的喜悦被不断的比较和竞争所消磨，烦恼开始如影随形，紧紧地跟随在我的身后。

直到最近，我的期末考试成绩被新转学来的同学大卫超过了。这对我来说是一个巨大的打击，我现在感到非常沮丧，甚至开始怀疑自己过去的努力是否真的有价值，觉得自己的努力全都白费了。心中不再有那股勇往直前、不断进步的动力，而是被嫉妒与失落所充斥的黑暗波涛所取代。这些负面情绪像是雾一样，模糊了我前进的方向，让我在成长的道路上迷失了方向。

🖋️ **心灵电台的回复：**

假如你一直盯着别人的生活，想跟别人比高低，那你的快乐可能就会像沙子一样从指缝中溜走。所以，亲爱的小朋友们，咱们为什么不收起那颗老想比较的心，转而享受属于自己独一无二的精彩呢？比如，你的笑声可能不是最响亮的，但它能温暖你的朋友；你的画作可能不是最专业的，但每一笔都承载着你的心情。这些都是别人没有，也比不了的东西。

你知道吗？比起那些只顾比较不断索取的人，真正懂得珍惜的人才能拥有归属感和幸福感。

所以，我们不妨换个角度思考，把对比的心态转向自我成长，不是去羡慕别人的光环，而是去打磨属于自己的每一面。这样，无论你身处什么环境，都不会觉得不安，因为你知道自己就是那个美丽的不同。

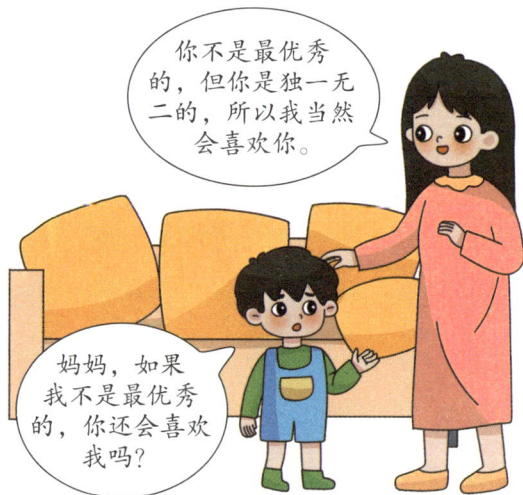

> 你不是最优秀的，但你是独一无二的，所以我当然会喜欢你。

> 妈妈，如果我不是最优秀的，你还会喜欢我吗？

🧚 **互动小游戏：打开魅力的潘多拉宝盒**

在这个小游戏中，我们将一起探索如何培养自己的独特个性，并且学会欣赏他人的与众不同，快叫上你的好朋友和同学一起来玩吧！

抽中序号	你的独特之处	他人对你的优点的分析	你对他人的优点分析
1			
2			
3			
……			

游戏规则：

在这个小游戏里，每个人都会写下觉得自己独特的地方，如性格、爱好、特长等，每个特点写在一个小纸条上。然后把这些小纸条混在一起，每个人从中抽取一张小纸条，对自己抽到的特点进行解释并分享。

通过这个小游戏，我们可以更好地认识自己独特的魅力所在，也能帮助我们更加尊重并欣赏他人的独特之处。最重要的是，我们能够明白，不作比较对自己和他人都有更积极的影响。

当你放下那些无谓的比较，你会发现，原来幸福就像空气一样无处不在。清晨的一缕阳光、午后的一杯茶，还有晚上和家人的闲聊，都是我们真正该珍惜的。就让那些无须比较的独特之处，构成属于你一个人的幸福地图吧！

心灵电台的小锦囊

你知道吗？世界上没有完全相同的两片叶子，每个人也

都有自己的独特之处。那么，如何发现并珍惜自己的独特之处呢？让我来告诉你一些小锦囊，让你找到属于自己的归属感。

首先，要有发现自我的眼光和勇气。就像探险家一样，挖掘自己的独特之处也需要勇气。每个人都有自己的兴趣爱好和擅长的事情，可能是绘画、写作、运动等。通过不断尝试和探索，你会渐渐找到属于自己的闪光点。而不是看着别人的闪光点，就觉得自己的闪光点不足，要有勇气做自己。

其次，要学会和他人分享。不要害怕展现自己，勇敢地和他人分享你的独特之处，也许你会惊喜地发现，你的独特之处也能给他人带来启发和帮助。

最后，要牢记你的独特之处是无法被人取代的。无论你的独特之处是什么，不要放在心上，也不要去刻意模仿别人，因为你的独特之处是无法被取代的。珍惜你自己的独特之处，让它成为你自信和快乐的源泉。

以上这些小锦囊可以帮助你发现和珍惜自己的独特之处，在你找到自己的独特之处之前，不妨试试这些小妙招，或许它们会给你一些启发哦。

我们打开周围的世界，不是为了比较，而是为了学习和欣赏。别人的光彩，并不会减少我们的光辉。所以，我们要学会适当的谦虚和尊重，而不是盲目挑战。让自己安静地成长，默默绽放，直到某一天，那些曾试图与你比较的人，会惊讶于你的璀璨。

第五章

破解和朋友相处的归属感密码

　　世界这么大，人和人之间的不同就像花园里的百花齐放，差异总是存在的。接纳不同、尊重差异，是跟朋友相处的关键。而且，尊重差异才能彰显个性，理解差异才能增加归属感。

01 大胆地说出自己内心的想法

来自小朋友的信：

你好，我的朋友心灵电台，经过深思熟虑，我决定向你坦白我的困扰。

我有一个朋友，总是向我借铅笔、橡皮和各种文具，却从未归还。我心里感到很不舒服，但又不好意思开口。

每次看到他拿出那支笔，我都强忍着不说出口。内心的矛盾好比燃烧的火盆，却无法找到宣泄的出口。我渴望得到理解，希望朋友能主动感知我的内心想法，却又害怕自己的想法被人误解或嘲笑。我总觉得如果说出来会被人认为小气，因此一直将这些情感深埋在心底。

这些矛盾让我犹豫不决，一次又一次地错过了与朋友分享内心秘密的机会。你觉得我应该怎么处理这件事呢？

> 我借一下你的橡皮擦吧，我忘记带了。

> 他上次借走的铅笔还没还我，我该不该借他呢？

心灵电台的回复：

朋友之间，大胆说出你内心的想法，真的有必要吗？或许有人觉得保持沉默更好，这样可以减少矛盾和冲突。但是，你有没有想过，当你默默忍受着内心的不满和委屈时，其实并没有解决问题，反而可能会埋下更深的隔阂。

和朋友相处，大胆说出内心的感受和想法，不仅不会让你被孤立，反而会增进彼此的了解和信任。就像和熟悉的朋友们闲聊一样，当你敞开心扉、坦率表达内心的想法时，你会发现和朋友之间的交流更加顺畅和愉快。换位思考，如果朋友对你大胆敞开内心，你又会作何感想呢？或许你会更加赏识朋友的真诚，也更有可能对朋友产生信任和归属感。

虽然大胆说出内心想法需要一些勇气和自信，但与朋友相处时，坦诚相待是最为珍贵的。相信我，朋友间的坦率表达，会成为彼此沟通的桥梁，也会让你们的友情更加深厚。

互动小游戏：描绘内心的真实画像

如何能在与朋友的互动中更加自在地表达自己的内心世界呢？一个有趣的互动小游戏或许能给你答案！游戏的核心在于鼓励玩家们大胆地说出内心真实的想法，通过趣味性的活动加强彼此之间的理解和信任。

游戏名称	小困扰或心里话	朋友的建议	你的问题是否解决了？
心声大白			是 / 否

游戏环节：

在这个环节中，每个人需要写下自己最近遇到的一个小困扰或心里话，然后把它放进一个共同的心事箱中。

接下来，大家轮流抽取并读出心事，尝试为问题提供解决的建议或是表达同理心。这不仅能帮助朋友们更好地理解彼此的难处，还能增进情感联系。

有时候，表达自己也是一种勇气的展示，就像浪漫的笔触在画布上挥洒自如，那些最真切的感受和想法会让人更加了解真实的你。怕什么呢？难道我们的心声不值得被听见吗？

勇敢说出内心的想法并不意味着要张扬个性，而是一种内心情感的宣泄。面对朋友，有时候我们需要的不是机械式的赞同，而是一份真挚的倾诉。因此，大胆说出内心的感受，不仅可以减少心理负担，还能增进他人对你的理解。从长远看，这也有助于促进彼此的情感沟通，不至于让诸多矛盾和误会发生。

🔔 心灵电台的小锦囊

你有没有过这样的时刻，当你想对你的朋友说些什么，但是话到嘴边又咽了回去呢？你害怕说错话，害怕被误解，更害怕那种尴尬的沉默。其实，拥有大胆说出内心想法的勇气，不仅能让人心情舒畅，更能拉近彼此的距离，增强那份不可替代的归属感。

难道就没有什么小技巧可以帮我们吗？别着急，今天就来给你支几招！

第一步：给自己加油打气。要知道，朋友之间的坦诚交流，是你们关系中最宝贵的部分。你可以在镜子前对自己说："我可以的，我只是在跟一个了解我的人说心里话！"

第二步：找准时机。如果你突然在大庭广众之下抛出一个尴尬或敏感的话题，可能会让你的朋友措手不及。建议找一个安静的，两个人都感觉轻松的环境，让彼此之间的对话自然而然地发生。

第三步：用"我觉得"开头。这样的开头既不会让对方感到压力，也会让你说出的话听起来更加真诚。你可以说："我觉得我们最近没怎么深入交流，我有点想你了。"听起来是不是既亲切又自然呢？

第四步：说话之前先听听。交谈是双向的，如果能先了解对方的感受和想法，你就更容易找到共鸣点。比如，他们可能也有类似的担忧和困扰，这样一来，你们两个人就更容易打开心扉了。

记得，我们每个人都是自己故事的主角，只有大胆地说出你的想法，你的故事才可能变得更加丰富多彩。

02 允许不同，尊重朋友的独特之处

来自小朋友的信：

你好，心灵电台，告诉你哦，我最近有一个很大的转变。

我有一个很好的朋友叫苏苏，有一天，我和她一起玩耍，忽然感到有些不舒服，因为我觉得自己和苏苏很不同。我喜欢安静阅读，而苏苏喜欢户外运动；我喜欢玩棋牌游戏，而苏苏喜欢画画。这种差异让我觉得我们之间格格不入，缺乏归属感。

但是，我的妈妈告诉我，每个人都是独一无二的，每个人都有自己的喜好和特点。就像每朵花都有自己的芬芳，每个人也有属于自己独特的光芒。

于是，我决定改变自己的看法，我开始尊重苏苏的喜好和特点。我和她一起尝试对方喜欢的活动，发现原来苏苏的绘画作品也很有创意，她也发现我在棋牌游戏中有着出色的策略。通过互相尊重和包容，我们之间的友谊变得更加深厚，也更加珍惜彼此的存在。

心灵电台的回复：

有时候，朋友间关系的密切程度并不仅仅取决于两个人的共同点，更在于如何尊重彼此的不同之处。每个朋友都是独一无二的个体，他们的独特性和差异性构成了彼此之间的精彩互补，所以我们需要学会欣赏和尊重这种差异，让友谊更加坚固和美好。

要真正尊重朋友，需要在帮助时先征得他们的同意，平等对待并适时伸出援手。要以自己希望被对待的方式来对待朋友，这才是真正的尊重。正是因为朋友们的与众不同，让我们的生活变得更加多姿多彩。

所以，当我们和朋友相处时，不妨试着从心底尊重彼此的差异，领会彼此的魅力所在。尊重并欣赏朋友的独特之处，让友情更加深厚，让生活更加精彩！

互动小游戏：角色互换扮演

你有没有想过和朋友来一场神秘的角色互换游戏？不同于日常的互动，这个游戏会让你发现朋友身上独一无二的细节和魅力，让友情更加深厚。

在这个游戏中，你扮演着朋友的身份，感受朋友平时不为人知的一面。描述你们彼此眼中的自己，看看角色互换后会有什么不同吧！

你眼中的自己	朋友眼中的你	你眼中的朋友	角色互换后的感悟

通过互相转换，你们可以更好地了解对方，尊重彼此的独特之处，增加友谊的归属感。

你和朋友可能来自不同的国家、拥有不同的文化背景，有着各自独特的特点和习惯。但是尊重彼此的不同，理解彼此的独特之处，是良好友谊的基石。就像在学校里，不同班级的同学们相互交流、相互合作，尊重差异和彼此的个性，才能创造出融洽愉快的学习氛围。

友情就像一首优美的乐章，每一个个性的符号都是不可或缺的音符。在彼此的包容与尊重中，友情如琴弦般共振，奏响出最美的旋律。让我们学会尊重差异，让友情之歌奏响得更加优美动听！

心灵电台的小锦囊

每个人都有自己的个性和喜好，有的人喜欢喧嚣的城市、繁华的街头；有的人却更加青睐于安静的郊外、空旷的田野。学会尊重朋友的独特之处，才是维持长久友谊的重要秘诀。

首先，我们要懂得"允许不同"这个大原则。朋友之间互相尊重，彼此欣赏对方的与众不同，这才是真正的理解与关爱。

在空白处写下你和朋友的不同之处：

　　其次是给予归属感。每个人都希望被接纳、被理解。当朋友感受到你对他们的独特之处表示欣赏和理解，自然就会产生归属感。这不需要华丽的言辞，一个理解的眼神，一句发自内心的赞美，就可以让人感受到温暖。

　　在空白处写下朋友让你欣赏的优点：

　　你可以尝试在合适的时机，主动展示出对朋友独一无二个性的兴趣和赞赏，比如："我超喜欢你对事物细致入微的观察，身边有你，我也学会了慢下来欣赏生活的美好。"想想，是不是感觉整个世界都温暖了许多呢？

　　最后，别忘了与朋友一起成长。尊重朋友的独特性，不是放任不管，而是激发彼此的潜能，一起进步。在友谊中，我们要帮助对方不断进步，彼此支持，共同迈向更好的未来。

　　尊重不仅体现在言行和举止上，更需要在心灵深处建立起彼此间的信任和尊重。所以，和朋友相处时，别忘了心存感激，欣赏他们的各种独特之处，用一颗包容的心去拥抱这份珍贵的友情吧！愿我们都能成为别人眼中的宝藏，也让每一位独特的朋友在心中闪光。

03 主动结交朋友，拓展社交圈子

来自小朋友的信：

你好，心灵电台，我是一个转学生，面对新同学，刚开始我感到十分孤独和不适应。在这全新的环境中，我害怕与人交流，总担心被拒绝或被同学们排斥。然而，我逐渐意识到，如果想要适应新环境、融入新集体，我就必须主动出击，勇敢地走出自己的舒适区。

在这一过程中，我通过不断地尝试和努力，最终学会了如何主动结交朋友。我开始积极参加学校组织的各种社团活动，与同学们一起参加课外培训班，利用课间休息时间与他们一起玩游戏。这些积极主动的尝试帮助我结交了许多新朋友，并逐渐扩展了我的社交圈子。

通过这样的努力，我不仅获得了归属感和认同感，还发现自己在与人交往的过程中变得更加开朗和自信。慢慢地，我意识到主动去社交并不像我初来时想象的那样可怕，反而为我带来了更多的乐趣和成长的机会。

心灵电台的回复：

主动结交朋友，不仅仅是为了找到志同道合的伙伴，更是为了开阔思维，丰富人生体验。在这个充满机遇和挑战的世界里，社交能力已经成为一项不可或缺的技能。通过与不同背景、不同经历的人沟通交流，我们可以学到更多的知识，拓展自己的眼界，从而更好地适应多元化的社会环境。

在不断与人交往的过程中，我们能够学会如何与不同性格的人相处，培养自己的沟通技巧和协调能力。这对于我们在学习和生活中处理人际关系将起到积极的促进作用。有一个广泛的社交圈子，能让我们感受到更多的归属感和温暖。

> 今天第一次上兴趣班，你感觉怎么样呢？

> 特别有趣！我认识了很多新朋友，他们都非常厉害，我能学到很多新知识！

主动社交的路上充满着各种有趣的事情和奇妙的缘分，每一次互动都是一个新的开始，每一个陌生面孔都可能是未来的知己。所以，勇敢一点，主动走出舒适圈，和更多的人打个招呼吧！

心灵电台的小锦囊

你是不是也有过这样的苦恼？是不是觉得自己的社交圈有些单调？想要结交新的朋友，又不知道如何打破冰山。其实结交朋友和拓展社交圈并不难，下面就来看看结交新朋友

的超实用小贴士吧！

当我们想要和别人交朋友的时候，首先要展现出友好热情的态度。就像阳光一样，照亮每一个人的心田。你可以主动向别人打招呼，微笑着问候，让对方感受到你的亲切和友好。

写下你使用这个方法的成果：

当和新朋友相处时，要多展现出包容和体贴的一面。聆听对方说话，关心对方的需求，帮助他们解决问题，共同度过快乐的时光会让彼此更加亲近。

写下你使用这个方法的成果：

积极参与各种活动和游戏，或者主动邀请新朋友一起玩耍。通过一起合作、一起玩乐的过程，可以增进彼此之间的了解和信任，从而建立起友谊的基础。

写下你使用这个方法的成果：

除了参与活动外，还可以展现自己特长和优点，吸引别人的注意。比如，可以在课堂上展现自己的才艺，或者主动帮助同学解决问题。

写下你使用这个方法的成果：

04 融入群体，学会合作与分享

来自小朋友的信：

你好，心灵电台，我是一个独来独往的小朋友，总是一个人玩耍。但是有一天，我在学校举行的团队活动中，遇到了一个困难。

当时的比赛是搭积木，一个小组需要用最少的时间搭起一个房子。我一个人搭积木的速度很慢，而其他几个小朋友搭得又快又好，当时我感到非常沮丧和孤单，开始感到自己的力量有限。在这个关键时刻，其他小朋友却主动前来帮助我，共同克服困难。最后他们帮助我摆放积木，分配任务，一起完成了比赛，我的心里涌起了一股感激之情。

通过这次合作，我不仅解决了困难，还意识到了团队合作的力量。我发现在团队中，每个人都有自己独特的想法和能力，当大家一起合作时，可以共同应对困难，取得更好的成果。我也感到更加快乐和有归属感，因为我知道自己并不孤单，身边有许多可以信赖的朋友。

心灵电台的回复：

我们每个人都渴望被接纳和被认可，这其实是一个很自然的渴望。然而，并不是每个人都会意识到，在追求归属感的过程中，学会合作与分享是至关重要的。我们不能总是特立独行，相互合作和分享才能让我们更加快乐、充实。

学会分享更是一种美德，通过分享，我们能够传递自己的快乐和成就，也能感受到他人的关怀与温暖。在分享的过程中，我们不仅能够拉近彼此的距离，还能够扩大自己在群体中的影响力，获得更多人的认可和支持。因此，学会分享不仅可以丰富自己的人际关系，还能够受益终身。

学会融入群体、享受合作分享的乐趣，并不是一蹴而就的。这需要我们不断地尝试、学习和成长。在这个过程中，我们会经历各种有趣的事情，也会结识形形色色的朋友。与他们一起融入群体、享受合作分享的乐趣，也是一段美好的回忆。

互动小游戏：自我介绍录音机

嘿，小伙伴们！给大家分享一个超级有趣的互动小游戏，名字叫

"录音机"，它能让你不再独来独往，学会合作与分享哦！

分组人物	甲叙述的内容	乙重复的内容	小记者的访谈记录

游戏规则：

时间：20-30 分钟

流程：1.两人一组，自我介绍一分钟。当甲说话时，乙作聆听者。自我介绍的主题可以包括个人兴趣、家庭、宠物、最爱吃的食物、书籍、电视节目等。

2.甲介绍完后，乙要变成"录音机"，重复他/她所记录的内容。

3.当完成第一轮后，同学们可以交换角色再开始。

4.游戏可以再进化成"小记者"，用访谈的方式来认识同学。

亲爱的小伙伴们，团队协作意味着一起面对挑战，分享成果，哪怕遇到困难都有伙伴并肩作战。

当然，合作和分享并不总是那么容易，有时候会有分歧和冲突。但这也是成长的一部分，学会在不同意见中找到平衡，共同创造更好的成果，是合作的魅力所在。

心灵电台的小锦囊

在成长的道路上，我们要学会合作与分享，这可是个大学问！不要总是独来独往，合作才能事半功倍哟！快来听听小妙招，让我们一起探索归属感的奇妙之处吧！

1. 团队合作，互相支持：在团队活动中，合作是关键。每个人都有自己的强项和弱点，通过合作可以取长补短。例如，在学校的小组作业中，你可以主动承担自己擅长的部分，同时帮助其他同学完成他们的任务。

写下你的强项和弱点：

2. 分享资源，共同进步：不要吝啬分享你的资源和信息。例如，你在某个科目上有很多学习资料，可以分享给同学们。这样不仅能帮助别人，也能让你在群体中树立良好的形象。

写下你的分享心得：

3. 解决冲突，建立信任：在合作的过程中难免会有意见不和的时候，这时要冷静处理，学会妥协和沟通。通过解决冲突，反而能增强团队成员之间的信任和默契。

4. 持续学习和成长：不断提升自己，不仅是学业上的进步，还有人际交往技巧和合作能力的提升。一个不断进步的人，永远是群体中受欢迎的存在。

希望这些小技巧能帮助你更好地融入群体，找到属于自己的归属感。记住合作与分享不仅能帮助你融入群体，还能让你在群体中发光发热，成为大家都喜欢的小伙伴！

05 信守承诺，是维护友谊的基石

来自小朋友的信：

你好，心灵电台，有一件令我难过的事想向你倾诉。

在一个周末的下午，我和最好的朋友约定去看一场期待已久的电影。我提前一个小时到达了电影院，满怀期待地等待他的到来。周围的人渐渐增多，电影院也渐渐热闹起来。

可是，时间慢慢过去，我看了看表，离电影开始的时间越来越近，可朋友迟迟未露面。我开始焦虑起来，四处张望着，反复看着手表上的时间。或许他出了什么意外？或者是忘记了这次约定？我的内心开始不安起来，不知所措地想着各种可能出现的情况。

终于，电影放映的时间临近了，我不得不一个人进了影厅。虽然周围有观影者的笑声和议论声，但我心里除了失望，更多的是对朋友失去了一些信任。

心灵电台的回复：

在我们的日常生活中，大家都渴望有那样一份可以信赖的友谊，友情作为我们生活的一部分，对我们每个人来说都有着不同的含义。但其中有一点是大家都认同的——信守承诺是维系友谊的基石。

你竟然记得我的生日？

那当然了，我答应过在你生日的时候要送你礼物，我怎么能食言呢。

有人可能会问，承诺真的那么重要吗？答案是肯定的！因为承诺是我们与朋友之间建立信任的桥梁。每一次履行承诺，都是在对方心中搭建起一座坚固的信任桥梁。养成良好的处世立身品格，对待他人信守承诺，答应别人的事情之前一定要慎重考虑，认真地想一想，自己能做到的才答应。

然而，我们也看到了那些因为没有信守承诺而导致友谊破裂的故事。比如有的人因为别人没能兑现承诺而感到失望和愤怒，不仅影响了个人的心情，甚至还可能导致和多年好友的关系破裂。这些都提示我们，承诺不是随意说说的，它背后承载的是对友谊的尊重和珍惜。

互动小游戏：承诺积分表

小朋友们，给自己制作一张"友情承诺积分表"吧！每一周看看自己能得多少总分，如果你的承诺积分达到了满分 100 分，就奖励自己看一次电影、买一个玩具或者吃一顿美味吧！

承诺的事情	是否完成	完成后 +20 分
按时归还借朋友的书籍	□ / ×	
和朋友约会按时到达	□ / ×	
答应朋友的事做到了	□ / ×	
诚实守信，没有对朋友撒谎	□ / ×	
答应朋友保守的秘密，没有告诉别人	□ / ×	

信守承诺不仅在游戏中有重大意义，在现实生活中也很重要哦。无论承诺是作为一种道德规范，还是在友情中的监督者，信守承诺的重要性和价值是我们在游戏和友情中都应该把握的一种行为准则。

当我们在游戏中学会信守承诺，就能从中体会到友谊的真谛，让互动游戏不仅仅是一种娱乐，更是一种价值观的传递，培养了我们的责任感、信任感、以及诚信感。信守承诺是友谊和团队合作的基础，也是在互动游戏中最珍贵的财富。

信守承诺并不意味着无条件地说"好"，而是真真切切地把承诺变成行动。比如，假期一起去动物园，不能说好了，到时候临时爽约，那样可是会被贴上"不靠谱"的标签的哦！我们应当始终牢记，承诺就像是搭建友谊桥梁的一块块砖石，一旦有了，就要全心全意地去维护。

心灵电台的小锦囊

信守承诺不仅仅体现在小事上，它更是一种责任感、一种对朋友的尊重，甚至是一种个人魅力的展现。它可以像一道光，照亮你我之间的关系，让友情更加稳固与和谐。

那么，我们应该如何做到信守承诺，维系这份珍贵的友谊呢？

首先，承诺之前要三思。不要轻易给出承诺，而是要根据自己的实际情况，判断自己是否真的能够做到。

其次，如果实在无法兑现承诺，要及时诚实地和朋友沟通，解释原因，而不是选择逃避。这样做可以让朋友感受到你的诚意和真诚，也能避免一些不必要的误会和矛盾。

最后，用行动来证明自己，让朋友看到你的努力和诚意，这样友谊的桥梁才会更加坚固。生活中，我们可能会面临各种困难和挑战，但只要我们能够认真对待承诺，用心对待友谊，我们就能够赢得朋友的信任和尊重。

友谊的路上，信守承诺就像手中的指南针，引导着我们稳稳地向前。让我们从今天开始，用真诚和努力，守住每一个承诺，让友谊之花在信任的土壤中茁壮成长。

第六章

我拥有爱的超能力

　　有时候，我们每个人都可以是对方生命中的亮光，分享一份关怀，不仅能带给他人温暖，更能够提升自我归属感。通过与他人分享情感，我们能够发现更多幸福和快乐。

01 爱人的能力，源自深刻的自爱

来自小朋友的信：

你好，心灵电台，偷偷告诉你，从前我是一个不自信的小女孩，一点儿也不喜欢自己。我总觉得自己不够聪明、不够漂亮，就像是个配角一样。直到一天，我看到了一个有关"爱自己"的故事。

加油！我很棒！我一定行！

加油！！

我开始尝试每天给自己一个微笑，告诉自己："我很聪明，我很棒！"渐渐地，我的生活变得快乐起来，我也发现自己变得更加自信了。我开始勇敢地和别人交流，开始尝试着做一些自己喜欢的事情。

不久之后，我成为了全班的活跃分子，而且也有了很多好朋友。我学会了去爱自己，也收获了别人的爱。我发现，原来只要学会了去爱自己，才会变得更加勇敢、开朗。

心灵电台的回复：

在这个纷繁复杂的社会中，我们每个人都在追求和渴望着爱。而爱的能力，不仅体现在我们对他人的付出，更源自对自己的深刻理解和自我关爱。从某种意义上讲，我们只有深刻地爱自己，才能够拥有真正的爱的能力，去爱他人，去创造和谐的人际关系。

爱人的能力，并不是与生俱来的，它来源于我们对自己的深刻了解和接纳。只有当我们学会自我关爱，懂得照顾自己的身心健康，才能培养出真正的爱的能力。照顾自己的身体，满足自己的基本需求，是深刻自爱的表现，也是培养爱的能力的重要一环。

在这个过程中，你要做的可能就是面对镜子里的自己，跟自己说一声："嘿，你做得很好哦！"这并不是自满，而是在不断努力之后给予自己的认可和奖励。就好比一个小朋友努力完成绘画，即便作品不完美，我们也会夸奖他的创造力和辛勤劳动，对吧？

互动小游戏：自爱打卡表

爱自己不是一天就能完成的事，而是在每一天重复的小细节里。让我们每天完成一件爱自己的小事，并且记录在"自爱打卡表"里。

日期	今日爱自己的小事	给自己的积极反馈

你可能听说过归属感的概念，这是个心理学术语，指的是一个人感到自己是某个群体的一部分，或者感到被一个群体所接纳的心理状态。一份归属感能让一个人在群体中感到温暖、安全。要培养出这份归属感，我们不仅需要外部的接纳，也需要自我接纳。

当我们爱自己的时候，我们才能理解他人，才能在他人面前展示出真实的自我，而不是一个伪装、看似完美的自我。这也是我们找到心灵归属感的一种方式。

这样，爱就不再是一种负担和义务，而是一种来源于深深自爱、充满热情和欢乐的分享。我们要提醒自己，我们每个人都是爱的创造者，都值得被爱。爱会使我们的生活变得更美好，让世界充满光芒、色彩。希望你们可以在生活中不断找到能力去爱人，但别忘了，这一切都始于对自己的爱。

心灵电台的小锦囊

生活里有很多个关键词，比如成长、自律、放松、爱自己。其中，爱自己无疑是最重要的一个，因为没有自爱，就不会有真正的幸福。当我们学会爱自己的时候，才能够真正感到幸福。那么，如何学会爱自己呢？让我们打开小锦囊，开启爱自己的美好之旅吧！

首先，要学会独处，这并不是让你沦落为孤独的人，而是要在独处中找到可以给自己情感充电的方式。一个人的快乐，很大一部分来自自己，而不是外界。

记录你的独处感受：

其次，戒除不良嗜好，比如沉迷于游戏，远离不健康的生活方式。学会坚持运动、拒绝熬夜，让自己的身体更健康。在生活中寻找更多愉悦自己的方式，比如和朋友一起运动、约会，享受生活中的美好。

记录一次令你愉悦的约会：

认识和接受自己的优点和缺点，给自己设置合理的目标，而不是盲目追求完美，这种态度能帮助我们在压力前不至于崩溃。享受自我成长的过程，接受失败作为成长的一部分，总比纠结于每个小错误来得健康和有益。

给自己设定一个近期的小目标：

最后，学会与自己对话，倾听自己内心的声音。当你学会静下来，也就拥有了和自己对话的机会，可以清晰地感受到自己内心的需求和情感。让自己的内心得到平静，从而更好地爱自己。

写一句你此刻最想对自己说的话：

从现在开始，把自爱作为一种日常的练习，把它融入生活的点点滴滴中，让它成为你力量的源泉。你会发现，当你学会了爱自己，你也会更懂得去爱这个世界。

02 主动关心身边人，我是爱的传播使者

来自小朋友的信：

你好，亲爱的心灵电台，给你分享一件很开心的事。在一个周末，我和朋友们兴高采烈地在公园里玩耍。公园里花儿开得正艳，蝴蝶在花丛中飞舞，一切都是那么开心。忽然我看到公园的角落里，有一位老奶奶正看着我们微笑，但又有些孤单。当时，我心里闪过一个念头，为什么不让老奶奶也开心呢？

我拉着朋友们围到老奶奶的身边，大家齐声说："奶奶，您好！我们可以陪你聊天吗？"老奶奶脸上露出了温暖的笑容，点了点头。

我们的到来，让老奶奶的世界变得不再孤单。她分享了许多有趣的故事，比如她年轻时的冒险，以及她遇到过的最美的景色。我们听得津津有味，时而惊讶，时而笑声连连。我们还跟老奶奶一起唱歌跳舞，整个公园都被我们的欢声笑语充满。

这一刻，我深刻体会到了帮助和关心他人，并不需要华丽的言语和昂贵的礼物，一颗愿意分享的心就足够了。我们不仅给老奶奶带去了欢乐，而且我们自己的心里也充斥着满满的幸福和满足。

谢谢你们陪我，让我度过了一个难忘的下午！

听着您的故事，我们也感到非常开心。

心灵电台的回复：

有人说，世界上的每一份关心，都是爱的小秘诀。但你有没有想过，其实我们每个人都可以是那个小秘诀的创造者呢？没错，小伙伴们，就让我们成为爱的传播使者，把主动关心变成我们日常生活中的美好习惯！

想象一下，当你的同桌或朋友看起来有点失落，或者愁眉不展的时候，如果你能主动走上前去，轻轻问一句："嘿，需要帮忙吗？"那种温暖可能就此点亮了对方的整个世界。就像阳光穿过乌云，带给人无限的希望和力量。其实，我们每个人都有这样的力量，只要我们愿意去倾听、去关心。

别小看了这些微小的举动，它们足以让我们的社会变得更加温馨和谐。比如在公交车上，你为一位站立的老人让座，就是在传递这份温馨；给病了的朋友送上一句问候，就是在温暖人心。有的时候，你的一个小动作，就是别人心中的一缕阳光哦。

互动小游戏：爱心接力棒

在这个繁忙的社会里，人们往往会忽略了一些微不足道但又无比

重要的东西——主动关心身边的人。每一次温暖的问候，每一分默默的关爱，都有可能成为别人希望的火种，照亮彼此的世界。

为了让关心和爱在我们身边传递，让我们一起参与这个互动小游戏，它的名字叫"爱心接力棒"。

接力棒序号	你被他人关心的瞬间	你是如何回馈下一个人的
1		
2		
……		

游戏规则：

当你收到来自别人的一句关心，一杯热乎乎的奶茶，或者一个鼓励的拥抱，你就需要在 48 小时内，找到另一个人，把这份关心传递出去。

请你记住哦，传递的不仅仅是物质上的东西，更重要的是那份心意。关心可以是一条问候的短信，一个贴心的便笺纸，或者是任何一种能表达你诚意的小动作。当然了，别忘了告诉被关心的人，他们也要加入这个爱心接力赛哦！

亲爱的同学们，无论你在哪里，无论你是谁，都可以参与到这个爱的接力赛中来。让我们用实际行动把这世界变得更温暖、更美好。你准备好成为下一个传递爱心的人了吗？

心灵电台的小锦囊

在帮助别人这件事上，我们每个人都可以是超级英雄。不过，怎么帮助别人才能既有效又贴心呢？别担心，这里有几个贴心的小 tips。

1 倾听大法：我们要学会倾听。有时候，人们需要的只是一个能倾听他们心声的人。所以，当朋友向你倾诉时，记得放下手头的事情，全神贯注地听他们说话哦！

2 细节关心：想要更贴心地帮助别人，那就从细节入手吧！比如，注意到朋友感冒了，可以主动递上一杯热水和药；看到爸爸妈妈工作忙碌，不妨帮他们分担一些家务。这些小举动都能让对方感受到你的关心和温暖。

3 实际行动：当然，除了倾听和关心，实际行动也是非常重要的。无论是提意见、陪伴看病，还是在学业上给予指导，只要力所能及，就尽量伸出援手吧！

4 正能量传播者：在别人遇到挫折时，给予鼓励和支持；在团队中，积极带动氛围，让大家都充满干劲。你的正能量，也许就是别人重新振作的动力哦！

5 站在对方的角度考虑：一定要站在对方的角度考虑问题，试着思考一下，怎样的表达能让他们更容易理解问题？我提供的方法是否真正适合他们？这样的思考，能更贴近对方的需求，让帮助更加有效。

从现在开始，让我们成为那个勇敢伸出援手的人，成为爱的传播使者，用我们的行动和爱心为身边的人点燃希望之光。一起让这个世界充满爱吧！

03 我和爸爸妈妈一起参加公益活动

来自小朋友的信：

　　你好，我的朋友，我想跟你分享一次和妈妈一起参与公益活动的经历。一天，社区服务的招募通知如同一股暖流吸引了我们母女俩的注意，我们二话不说，毅然报名参与其中。

　　参加活动的那天，我和妈妈一起精心挑选了一些适合小孩子们的精美小礼物，怀揣着兴奋和期望的心情，踏进了社区内一个充满活力的小学校园。

　　这个校园里洋溢着孩子们的笑声和快乐的氛围，充满了纯净和希望。我的妈妈和我分别成为了活力四射的游戏指导和有趣的绘画老师，我们陪伴孩子们一起沉浸在游戏和创作的乐趣之中，甚至还组织了一场能够让每个人都投入其中的愉悦舞蹈。

　　在和孩子们的互动中，我深深体会到了给予的快乐远胜于接受，而在妈妈的笑容里，我读懂了一种成就感和自豪，因为我们共同为这些孩子们的一天增添了不一样的色彩。

姐姐，你的画画技术真棒呀！

只要你们认真练习，也可以画得越来越好。

心灵电台的回复：

　　和家人一起投身公益活动，不仅能够让他人得到关爱和帮助，还能让我们感受到莫大的归属感。在活动中，我们一起为社区服务时，不仅完成了任务，更是收获了深厚的情感纽带。每个家庭都值得亲身体验这种活动，让归属感的力量蔓延到更多的人心中！

咱们虽然没有超能力，也变不成什么英雄，但做点儿微小的事情，就可以给这个世界带来一些正能量。有时候一件小事，比如陪孤寡老人聊聊天、教留守儿童读书写字，都能让人心里暖暖的。

公益活动不仅仅是简单的帮助和支持，它像是一面镜子，映射出我们与社区之间最淳朴的联系，它教会我们如何温暖他人，也教会我们如何成为一个更好的社区成员。

互动小游戏：垃圾分类

大家小伙伴们，你们知道吗？垃圾分类其实不仅仅是环保的小事，更是超级有趣和充满意义的公益活动哦！今天我们就来玩一玩"垃圾分类"小游戏，保证能让你对垃圾分类产生全新的认识！

垃圾名称	可回收物	有害垃圾	湿垃圾	干垃圾
1. 水桶				
2. 塑料瓶				
3. 电池				
4. 纸巾				
5. 蛋壳				
6. 胶带				
7. 药品				
8. 旧书				
9. 指甲油				
10. 橡皮擦				
11. 蛋糕				
12. 水彩笔				

游戏规则：

将最左列的生活用品填入右边对应的垃圾分类里。

垃圾分类不仅是一个政策，更是一种生活态度，所以我们要积极行动起来。和爸爸妈妈一起参加这样的活动，它不仅可以给地球减轻负担，还可以增加我们的归属感和责任感。

每个小朋友都可以通过垃圾分类做一个环保小卫士，给地球一份爱，也给自己一个成长的机会。希望你们也能和家人一起参加这样的环保公益活动，为地球尽一份绵薄之力！

心灵电台的小锦囊

周日的午后，你是否还在床上赖着不想动弹？或者窝在沙发上，刷着手机打发时光？别再宅在家里啦！拉上你的老爸老妈，一起去做些有意义的事情吧！

　　首先，我们可以选择参加志愿者活动，比如帮助环保组织清理垃圾、为附近的老人送去温暖的问候和关怀，或者到流浪动物收容所给小动物们送去爱心和帮助！

　　分享你参与公益活动的感悟：

　　其次，参加公益义卖活动也是一个不错的选择。你可以和朋友一起组建小团队，自己制作一些手工艺品，再到义卖市场上出售，所得的善款可以用来帮助那些需要帮助的人。在活动中，你会慢慢发现自己的能力和价值，还可以学到很多的生活技能，增加自己的社交经验。

　　分享你和朋友完成的手工艺品：

　　第三，你还可以选择加入社区志愿服务，比如扫街植树、在学校的路口指挥交通等。这样一来，你既能锻炼自己的身体，也能为周围的环境作出积极的贡献，甚至还能结识到更多来自不同地方的新朋友！

　　分享你对志愿者作用的看法：

　　相信通过这些方式，你一定可以找到适合自己的参加公益活动的途径，用行动去传递爱心，感受他人的感恩和认可。让我们一起成为更好、更有爱的人，为这个世界注入更多温情和正能量吧！

04 爱护小动物，小生命也值得被关心

来自小朋友的信：

亲爱的心灵电台，我有一只属于自己的小猫咪啦！一个下午，我走在放学回家的路上，我偶然发现了一只受伤的小猫咪。它蜷缩在角落里，小小的身躯在颤抖着。当时，我的心忽然一紧：哇，你怎么能被丢在这儿不管呢？

我立刻走上前去，轻轻地抚摸着小猫，生怕伤害到它。我脑海里一直在想：嗯，给小猫找个温暖的地方吧！于是，我将小猫抱回家，给它准备了一个舒适的小窝，并偷偷拿了些食物给它。

我深知照顾小动物是一项重要的责任，经过一番内心挣扎后，最终决定老老实实告诉爸爸妈妈，并一同带小猫去医院看病。

在宠物医院里，医生叔叔为小猫咪处理了伤口，还为它打了针。虽然小猫一直发出可怜的喵喵叫声，但在我们的关爱下，它逐渐恢复了活力。现在每天都有小猫的陪伴，我的生活充满了乐趣。

经过这件事，我学到了很多。我知道了爱护小动物非常重要，每一个生命都值得被温柔对待。给小猫咪提供一个温暖的归属，我也产生了一种"我是小小动物保护者"的自豪感。

小猫咪，你别怕哦，有我保护你。

心灵电台的回复：

当我们谈论朋友，往往会想到身边的同学、伙伴，或是那些能与我们分享快乐和悲伤的人。但在这个多彩的世界中，我们还有另一类朋友——动物。他们不会说话，却以另一种方式与我们交流，陪伴我们成长，在我们给予小生命关爱的同时，它们也为我们提供了归属感和无法代替的情绪价值。

我们爱护动物不仅仅是因为它们带给我们快乐，更是因为每个生命个体都有其不可替代的价值。比如社会大众对导盲犬的接纳以及对残障人士的关怀，显示了我们对动物的价值认识又上了一个新的台阶。

再来看看我们的生活，流浪动物总是处于危险之中，它们无家可归，面临着食物短缺的风险，甚至遭受到人类的虐待。保护动物，不仅仅是搭建收容所，更重要的是传播关爱动物的意识。明白了这一点，我们每个人都能成为小动物的守护者。

> 叔叔，这是导盲犬吗？好可爱呀！

> 是的，它是我最好的伙伴，也是我的另一双眼睛。

互动小游戏：小动物大救援

你们知道吗，在我们的周围，有很多可爱的小动物，他们既聪明又乖巧了，但是它们有时候也会遇到一些麻烦和困难。所以，咱们要学会如何去保护它们，给它们一个安全的家。现在，"小动物大救援"

游戏就要开始了哦!

你扮演的动物	动物遇到的困难	你的解救方法	活动感悟

游戏规则:

每个玩家都会扮演一个小动物保护者的角色。游戏的目标很简单:救助尽可能多的小动物,确保它们的安全和幸福。

游戏开始,你会看到很多关卡,每一关的难度都不同。比如,有的关卡需要你救助被困在树上的小猫,有的关卡是帮助小狗穿过繁忙的马路。

通关的秘诀在于,你要快速而精准地判断情况,用合适的道具和策略来完成任务。比如用急救包治疗受伤的小动物,或者使用安全网来抓住跳跃的小兔子。

玩这个游戏不仅能让你们感到快乐,更重要的是,它会潜移默化地教你们如何在现实生活中关爱和保护小动物。每完成一个任务,你都会感受到深深的满足感和归属感,因为你真的做了一件了不起的事!

所以,亲爱的朋友们,赶快加入我们的游戏,让我们一起成为小动物的守护者吧!希望通过这个游戏,每个人都能意识到,保护动物和自然,是我们每个人的责任,同时也是一种乐趣。让我们从游戏中学到真知,为这个世界增添一份爱和温暖!

心灵电台的小锦囊

在人类社会中,小动物们也需要得到我们的关爱与保护。无论是给它们创造一个良好的生存环境,还是帮助它们解决生活中的困难，这些都是我们应尽的责任。在日常生活中，我们可以从一点一滴做起。

首先，小动物和我们一样，也需要爱和关怀。在和小动物互动的时候，要温柔地对待它们，不要粗鲁或者使用暴力。就像对待小朋友一样，小动物也需要被爱护和尊重呢！

你喜欢和小动物相处吗？

其次，给小动物一个安全的生活环境很重要。无论是宠物还是野生动物，它们都需要一个安全的家，所以大家要注意不要破坏它们的栖息地，保护好自然环境。

你会给小动物一个什么样的家？

和小动物建立起互相的信任和归属感也很重要，和宠物相处要有耐心，给予它足够的关注和照料，帮助它们建立起对你的信任，这样小动物就会和你成为好朋友啦！

你有一只属于自己的小宠物吗？

我们还可以通过参加一些志愿者活动，或者在学校里开展一些有关动物保护的主题班会，来提高大家对于爱护小动物的意识。通过这些方式，可以让更多的人关注到小动物的保护问题，并激发大家爱护小动物的热情。

不管是猫咪、狗狗，抑或是其他动物，它们都是我们大自然中的朋友，让我们一起爱护它们，共同营造一个和谐美好的人与自然的关系吧！

05 学会感恩，珍惜他人的付出与帮助

来自小朋友的信：

你好，心灵电台，迫不及待想与你分享一件令我感动的事。在一个风云突变的清晨，深灰色的云层迅速聚集，预示着一场暴雨即将来袭。我骑着自行车，紧张又期待，前往我人生中一个重要的考场。路上，雨点开始朦朦胧胧地下起来，转瞬间化为倾盆大雨。雨水模糊了我的视线，我开始担心这样的雨势是否会耽误我按时到达考场。

就在我陷入困境、不知所措之际，一位带着雨具的热心陌生人出现在我的视野中。他毫不犹豫地上前，为我提供庇护，像守护者一样，在暴雨中为我遮风挡雨。随着他的帮助，虽然天空仍旧暗沉，我的心却豁然开朗。有了他的陪伴，我重拾信心，最终顺利抵达考场。

这次意外的援助，让我内心充满感激，却又不知该如何表达。我决定通过心灵电台，将这个故事广为传播，借此机会向那位无名英雄致谢。

这么大的雨，我送你去学校吧，小朋友！

谢谢你叔叔，我正好要赶着去考试。

心灵电台的回复：

在这个忙碌的世界，我们每天都接受着来自不同人的帮助和支持，但有时候，我们可能忽略了对这些帮助的感激。学会感恩，不仅能让我们的心境变得更加宽广，还能增进我们与他人的关系，让生活充满阳光和正能量。

想象一下，当你遇到困难时，父母、朋友或陌生人伸出援手帮助你，这种时刻是否让你感到温暖？学会感恩他人的无私帮助，就如同在生命中种下一颗种子，这颗种子会随着时间的流逝慢慢生根发芽。每一次真诚的感谢都能让你的心灵得到滋养，最终转化为对生活的热情和对他人的关心。

感恩不仅仅是对他人付出的一种回应，更是对自己心态的一种提升。科学研究表明，感恩的人更容易获得内心的平静与幸福。学会感恩，珍惜他人的付出和帮助。因为人只有在互相帮助的时候才能共同成长，获得良好的归属感。所以，不妨从今天开始，试着感恩身边的每一个人。

谢谢你的帮助，不然我一个人都搬不动。

不客气，我们互相帮助，力量就会更大。

互动小游戏：微笑日记

你是一个细心的人吗？现在来完成一份特殊的任务吧。拿出你的可爱小本本，在上面记录下那些发生在自己身边的温暖瞬间，描述每天谁帮助了自己，然后写出对这个人的感激之情，形成一本专属于自己的微笑日记。

日期	他人帮助你的暖心瞬间	你想说的感恩的话	你如何回馈给下一个人

通过这个小游戏，我们可以体会到学会感恩就是学会了快乐。这给我们一个很深刻的启示，那就是对别人的善意给予及时的回报，不仅可以拉近人与人之间的距离，更能为自己增添更多的快乐。

在茫茫人海中，总会有那么一两个人，默默地伸出援手，帮助你渡过难关。每个人的生活中都有着无数的感恩之事，而当我们将感恩之心化为实际行动，便能让这个世界变得更加温暖。生活中的感恩就像春风拂面，总是让人心生暖意，温润心田。

心灵电台的小锦囊

学会感恩不只是一句空话，我们可以从以下几个方面来培养这种美德。

1. 学会去感恩，首先要学会细心地观察世界。就像我们度过的每一天、每一个微小的瞬间，都可能是别人对我们的关心和付出的珍贵回忆。

2. 学会记录，每天晚上，回想一天中别人为你做的事情，不管是大是小，把它记在心里或者写下来。这样做，可以帮助你更加清晰地看到，你度过的每一天其实都充满了别人的善意和帮助。

3. 不要吝啬你的赞美和感激，当你发现别人做了一些让人感激的事情时，及时表达出来。一句简单的"谢谢"，一个暖暖的拥抱，甚至一个眼神的交流，都能让对方感到被重视，归属感也会因此而增强。

感恩，让我们的人生更加丰富多彩。当我们懂得感恩，我们的心里就会充满阳光。让我们从今天开始，行动起来，用小锦囊里的温馨小贴士，感谢身边的每一个人，共同创造一个更和谐温暖的小世界吧！